燃气轮机 Python 建模与仿真

曹云鹏　马宇佳　主编

哈爾濱工程大学出版社
Harbin Engineering University Press

内容简介

本书围绕燃气轮机建模与仿真技术，以Python语言为开发环境，主要介绍了系统仿真与模型、燃气轮机建模技术、Python基本操作、Python编程基础、数值计算工具NumPy、科学计算工具SciPy、绘图工具Matplotlib、热力系统建模与仿真工具TESPy及燃气轮机系统TESPy建模仿真算例等内容。

本书通过仿真建模理论与仿真工具相结合，以具体的应用例程分析为立足点，使读者掌握燃气轮机仿真技术。

本书可作为能源动力工程专业本科生和研究生的教材，还可供相关专业技术人员参考。

图书在版编目(CIP)数据

燃气轮机Python建模与仿真 / 曹云鹏，马宇佳主编.
哈尔滨：哈尔滨工程大学出版社，2025. 4. -- ISBN
978-7-5661-4728-8

Ⅰ. TK47

中国版本图书馆CIP数据核字第2025DQ9916号

燃气轮机Python建模与仿真

RANQILUNJI PYTHON JIANMO YU FANGZHEN

选题策划 刘凯元
责任编辑 刘凯元
封面设计 李海波

出版发行 哈尔滨工程大学出版社
社　　址 哈尔滨市南岗区南通大街145号
邮政编码 150001
电　　话 0451-82519989
经　　销 新华书店
印　　刷 哈尔滨午阳印刷有限公司
开　　本 787 mm×1 092 mm　1/16
印　　张 15.25
字　　数 393千字
版　　次 2025年4月第1版
印　　次 2025年4月第1次印刷
书　　号 ISBN 978-7-5661-4728-8
定　　价 58.00元

http://www.hrbeupress.com
E-mail:heupress@hrbeu.edu.cn

前　　言

燃气轮机是21世纪乃至更长阶段的核心动力设备,广泛应用于航空、船舶等众多国民经济领域。燃气轮机被称为现代工业制造业“皇冠上的明珠”。建模与仿真是燃气轮机总体设计、控制策略、状态监测、故障诊断等关键技术研发的基础,是从事燃气轮机技术研究人员的必备技能,可为自主燃气轮机快速设计和验证提供理论基础与技术支撑,并越来越受到行业的重视。

目前,燃气轮机仿真技术的建模工具分为专用工具和通用工具。专用工具包括Thermoflow、GateCycle、GSP、GasTurb等软件;通用工具包括MATLAB/Simulink、C、Python、R等语言。专用工具价格普遍昂贵,需要开发者根据燃气轮机热力学、动力学、传热学等基本理论,编写软件代码。随着燃气轮机技术的发展,商业软件往往不能满足技术需求,因此掌握通用工具,满足燃气轮机设计的需要,具备建模与仿真素质是当前高等教育与卓越工程师培养的方向。Python是一种简洁、强大的编程语言,具有丰富的计算工作库和扩展库生态系统,为燃气轮机建模与仿真人员提供了全新的强大的计算工具。本书便是为初入燃气轮机建模与仿真的人员架起的一座桥梁,详细介绍了如何使用Python编程语言进行科学的计算。

本书共分为10章,第1章至第3章介绍仿真技术基础,包括系统与模型、连续系统数学模型和模型求解算法;第4章至第5章介绍Python语言的基本操作和编程基础,包括Python环境的配置、数据与结构、文件操作、条件、循环、函数等;第6章至第9章介绍Python语言开展科学计算所需的扩展库,包括NumPy数值计算库、SciPy科学计算库、Matplotlib绘图工具库、TESPy热力系统建模仿真库;第10章介绍如何利用Python相关库实现燃气轮机建模。

本书由曹云鹏和马宇佳担任主编。第1至第5章由曹云鹏编写,第6章至第10章由马宇佳编写。博士研究生孙广西、胡婧怡,硕士研究生张怡、陈启日、张煦婧、孙琳凯、曾祥宇、李英泽等参与了本书的编写及程序的校核。

本书是“燃气轮机控制与健康管理”课程的辅助教材。感谢黑龙江省研究生精品课程高质量建设项目“燃气轮机控制与健康管理“和哈尔滨工程大学高水平研究生教材建设培育项目”船用燃气轮机控制与健康管理“对本书的支持。

限于编者的学识和水平,书中难免存在错误和不足之处,敬请读者批评指正。

编　者

2025年1月

目　录

第 1 章　绪论 …… 1
1.1　燃气轮机仿真技术的意义 …… 1
1.2　燃气轮机仿真建模研究现状 …… 3
1.3　典型燃气轮机仿真应用 …… 3
1.4　Python 建模与仿真库 …… 5
第 2 章　系统仿真与模型 …… 9
2.1　基本概念 …… 9
2.2　计算机仿真实验的分类 …… 10
2.3　系统建模技术 …… 12
第 3 章　燃气轮机建模技术 …… 16
3.1　燃气轮机建模理论概述 …… 16
3.2　模块化建模方法介绍 …… 19
3.3　模型数值解法 …… 20
3.4　燃气轮机建模及仿真实例 …… 24
第 4 章　Python 基本操作 …… 31
4.1　Python 开发环境 …… 31
4.2　Python 数据与结构 …… 35
4.3　文件操作 …… 68
第 5 章　Python 编程基础 …… 79
5.1　条件语句 …… 79
5.2　循环语句 …… 85
5.3　函数与函数式编程 …… 96
第 6 章　数值计算工具 NumPy …… 110
6.1　NumPy 库简介与安装 …… 110
6.2　NumPy 数组的基本操作 …… 111
6.3　矩阵运算 …… 126
6.4　SymPy 符号计算 …… 128
6.5　统计分析 …… 132

第 7 章　科学计算工具 SciPy …… 137
7.1　常数和特殊函数 …… 137
7.2　数值积分 …… 138
7.3　求解微分方程 …… 141
7.4　高等数学问题的符号解 …… 143
7.5　线性代数问题的符号解 …… 148
7.6　插值 …… 153
7.7　概率统计 …… 158
7.8　拟合与优化 …… 163
7.9　线性代数 …… 169
7.10　稀疏矩阵 …… 170
第 8 章　绘图工具 Matplotlib …… 173
8.1　Matplotlib 基础 …… 173
8.2　二维图形绘制示例 …… 186
8.3　三维图形绘制示例 …… 189
8.4　数据分析及可视化案例 …… 192
第 9 章　热力系统建模与仿真工具 TESPy …… 208
9.1　TESPy 的安装及配置 …… 208
9.2　TESPy 基础概念 …… 208
9.3　TESPy 应用案例 1:以一个小型热泵为例 …… 220
9.4　TESPy 应用案例 2:以燃气轮机燃烧室为例 …… 223
第 10 章　燃气轮机系统 TESPy 建模仿真算例 …… 228
10.1　问题描述 …… 228
10.2　建模过程 …… 228
10.3　仿真结果分析及 Matplotlib 绘制 …… 232
10.4　本章小结 …… 237
参考文献 …… 238

第1章 绪 论

仿真技术是一门综合了多学科的技术,它以计算机技术、信息技术、相似原理、系统理论、控制理论及其相关领域的专业技术等为基础,以计算机和各种专用设备为工具,运用系统的模型对真实的或者假想的系统进行动态试验研究。本章简要介绍燃气轮机仿真技术的意义、燃气轮机仿真建模研究现状、典型燃气轮机仿真应用,以及 Python 建模与仿真库。

1.1 燃气轮机仿真技术的意义

燃气轮机是21世纪能源高效转换与洁净利用系统的核心动力装备,其依托先进的冷却和涂层技术,可以在结构材料的熔点以上工作,具有功率密度高、碳排放相对较少、启动快、可燃烧环保燃料等特点,广泛应用于航空、发电、船舶、石油化工等领域,具有庞大的技术和经济增长潜力。燃气轮机在能源领域的重要性主要集中在以下方面。

1.1.1 助力实现"双碳"目标

与同功率火电机组相比,110 MW 重型燃气轮机一年可减少碳排放超过 100 万 t,联合循环 1 h 发电量超过 15 万 kW,可以满足 1 500 个家庭一天的用电量。燃气轮机具有较高的热效率,尤其是在联合循环电厂中,这种效率可以进一步提高。具体来说,燃气轮机的效率通常为35%~40%,而在联合循环中,整体效率可以达到60%以上。燃气轮机或成为我国新型电力系统的重要支撑,对实现"双碳"目标、保障国家能源安全、助力高质量发展具有重大战略意义。

1.1.2 多种燃料适用性

燃气轮机不仅可以使用天然气,还可以使用多种其他燃料,如液化石油气(LPG)、生物气、合成气等。这种燃料灵活性使得燃气轮机在能源供应上具有更大的适应性和灵活性。例如,在天然气供应不足的情况下,可以切换到其他燃料,从而保证电力供应的连续性。

1.1.3 适用于分布式能源系统

燃气轮机在分布式能源系统中也有广泛应用。分布式能源系统是一种将发电和供热设施分布在靠近负荷中心的系统,以提高能源利用效率和减少输电损耗。燃气轮机因高效、低排放和灵活的特性,而非常适合用于分布式能源系统中,为工业园区、商业综合体和居民区等提供稳定、可靠的电力和热力供应。

1.1.4 应对可再生能源波动

随着可再生能源(如风能和太阳能)在电力系统中的比例不断增加,电力系统的稳定性面临新的挑战。可再生能源的发电量受天气和环境条件影响较大,波动性较强。燃气轮机由于具有快速启动和灵活调节的能力,可以在短时间内解决可再生能源发电不足的问题,从而平衡电网负荷,保证电力供应的稳定性。

1.1.5 适应未来能源趋势

随着全球能源结构向低碳和可再生能源方向转型,燃气轮机将继续发挥重要作用。未来,氢能作为清洁能源的一种重要形式,可能在燃气轮机中得到广泛应用。燃气轮机可以通过技术改造,适应氢燃料的使用,从而进一步降低碳排放,推动能源系统的绿色转型。

随着燃气轮机在航空、能源、化工等领域的广泛应用,人们对燃气轮机的要求也越来越高。仿真技术作为一种辅助工具,在燃气轮机技术中的应用越来越重要。

仿真技术是一门综合了多学科的技术,它以计算机技术、信息技术、相似原理、系统理论、控制理论及其相关领域的专业技术等为基础,以计算机和各种专用设备为工具,运用系统的模型对真实的或者假想的系统进行动态试验研究。随着科学技术的发展和大量高新技术的出现,仿真已经成为科研实践应用领域不可或缺的工具。

仿真技术具有安全性、经济性、可重复性等特点,已经融入产品的研制、技术攻关、大型项目的设计与开发等各个层面。根据仿真系统的结构和实现手段不同,人们通常将仿真技术分为物理仿真、数学仿真、半物理仿真、人在回路仿真和软件在回路仿真。其中半物理仿真是指在仿真的动力学、运动学及环境条件下将部分或全部试验系统硬件接入回路进行试验,但部分系统和对象的动力学部分仍用数学模型代替。数学仿真和半物理仿真都是系统研制工作的强有力手段,具有提高系统研制质量、缩短研究周期和节省研制费用的特点,但半物理仿真同其他类型的仿真方法相比具有实现更高真实度的可能性,是仿真技术中置信水平最高的一种仿真方法。

仿真技术对燃气轮机技术的发展具有重要意义。首先,热力学仿真在燃气轮机产品设计中的应用十分广泛。热力学仿真可以分析燃气轮机系统的热力学性能,包括燃烧室温度分布、热传导、燃气温度分布等。对燃气轮机系统的热力学性能进行仿真分析,可以优化燃气轮机系统的设计,提高热力学效率,减少热损失,提高系统整体性能。其次,结构仿真也是燃气轮机产品设计中常用仿真技术之一,可以对燃气轮机各个零部件进行强度、刚度、振动等方面的分析,检测零部件的结构是否合理,是否能够承受各种工作条件下的载荷等。结构仿真可以优化燃气轮机的结构设计,提高零部件的强度和可靠性,延长零部件的使用寿命。另外,流体力学仿真也是燃气轮机产品设计中的重要技术之一。燃气轮机涉及气体在轮机内部的流动,而流体力学仿真可以分析气体在轮机内部的流动状态、速度分布、压力分布等。流体力学仿真可以优化燃气轮机的气体流动结构,提高气体流动的效率,减少能量损失,提高系统的整体性能。此外,仿真技术还可以对燃气轮机产品的其他方面进行仿真分析,比如材料选择、燃气动力学性能等。仿真技术可以快速、准确地对燃气轮机产品进行设计分析,提前发现问题并加以解决,从而降低产品开发成本,缩短产品开发周期,提高产品质量。

仿真技术在燃气轮机产品设计中的应用极大地提高了设计效率和设计精度，为燃气轮机产品的开发提供了强有力的技术支持。随着科技的不断进步与发展，仿真技术将为燃气轮机行业的发展带来更多的创新与突破。

1.2　燃气轮机仿真建模研究现状

几十年来，燃气轮机性能仿真技术得到了迅速发展和改进，其发展阶段包括物理仿真、模拟机仿真、数字机仿真、模拟、数字机混合仿真、三维可视交互仿真。对于物理仿真，其缺点是投入成本高，耗费时间长，灵活性差，目前已很少应用。在计算机发展初期，模拟机仿真、数字机仿真得到了广泛应用，然而随着计算机技术迅速发展，其缺点日益凸显，目前已被数字计算机仿真技术所取代。很多国内外单位都利用数字计算机搭建了自己的燃气轮机及发动机仿真平台。国外仿真技术的研究开启较早，典型的平台包括美国空军推进实验室开发的 SMOTE 程序、Lewis 研发中心开发的 GENENG 和 GENENG-Ⅱ、美国海军航空发展中心开发的 NEPCOMP、Gleen 研究中心开发的 NPSS、荷兰国家航空航天实验室开发的 GSP、美国国家航空航天局开发的商用仿真平台 C-MAPSS 系列等。

从 20 世纪 80 年代中期起，我国也开始进行船舶等动力系统的仿真研究。清华大学、上海交通大学、哈尔滨工业大学、哈尔滨工程大学、海军工程大学、华中科技大学、大连理工大学、大连海事大学、西安交通大学、中国船舶重工集团公司第七〇三研究所、中国科学院工程热物理研究所等单位和高校都开发了自己的仿真平台。随着时间的推移，这些仿真平台逐渐提升完善，燃气轮机仿真建模技术在计算速度、精度等方面都得到了巨大进步。

1.3　典型燃气轮机仿真应用

1.3.1　性能预测

在性能预测方面，燃气轮机仿真可以帮助工程师和研究人员更好地理解和优化燃气轮机的运行特性。以下是燃气轮机仿真在性能预测方面的具体应用。

1. 工况预测

仿真可以预测燃气轮机在不同负载条件下的性能表现，包括输出功率、热效率、燃料消耗等，可以帮助优化燃气轮机的操作以适应不同的需求。仿真可以模拟燃气轮机在不同环境条件（如温度、压力、湿度等）下的运行情况，预测其性能变化，对于适应不同地理位置和季节的变化尤为重要。

2. 部件性能分析

仿真可以分析压气机在不同操作条件下的性能，如压力比、效率和流量特性，有助于优化压气机设计和操作参数。仿真也可以预测燃烧室内的燃烧效率、温度分布、燃烧稳定性和排放特性，从而优化燃烧室的设计和燃料混合策略。仿真还可以预测涡轮的效率、功率输出和热力学性能,帮助优化涡轮设计,提高其运行效率和寿命。

3. 运行优化

仿真可以优化燃气轮机的运行参数,如燃料流量、压缩比和转速等,最大化效率和功率输出,最小化燃料消耗和排放。仿真可以模拟燃气轮机在负载变化、启动和停机等动态操作过程中的响应,帮助优化控制策略,确保平稳运行。

4. 设计优化

在新燃气轮机设计投入实际生产之前,通过仿真可以预测其性能,验证设计的可行性和有效性,减少开发成本和时间。对现有燃气轮机设计进行仿真分析,可以预测改进后的性能变化,或评估新技术、新材料的应用效果。

5. 性能衰退预测

仿真可以预测燃气轮机在长期运行中的性能衰退情况,如效率下降、功率损失和排放增加,帮助制订、维护和更换计划。仿真还可以模拟污染和结垢对燃气轮机性能的影响,预测其性能下降趋势,从而制定有效的清洗和维护策略。

1.3.2 故障诊断与预警

燃气轮机仿真技术在故障诊断与预警方面的应用非常广泛,通过模拟和分析燃气轮机的运行状态,可以及时发现潜在故障,识别故障原因,并进行有效预警,减少意外停机和维护成本。以下是燃气轮机仿真在故障诊断与预警方面的具体应用。

1. 故障诊断

仿真可以模拟燃气轮机在不同故障情况下的运行状态,例如叶片断裂、轴承磨损、燃烧不完全等。这些模拟可以帮助识别故障特征,建立故障诊断模型。仿真数据可以用于提取故障特征,如振动信号、温度变化、压力波动等。通过分析这些特征,系统可以建立故障诊断指标。利用仿真数据训练机器学习模型(如支持向量机、决策树、神经网络等),可实现故障的自动分类与识别,确定故障类型和位置。

2. 预警系统

仿真可以建立正常运行状态下的参数阈值范围(如温度、压力、振动等)。当实时监测数据超出这些阈值时,便会触发预警,提示可能存在故障。利用仿真模型可预测燃气轮机在未来一段时间内的运行状态,提前发现异常趋势。当预测结果显示系统可能发生故障时,可及时预警,进行预防性维护。

3. 结合物联网(IoT)与实时监控

将物联网技术与仿真模型相结合,通过传感器实时监测燃气轮机的运行数据(如温度、压力、振动等),并与仿真模型进行对比,可及时发现异常。实时采集和分析传感器数据,结合历史数据和仿真模型,进行数据驱动的故障诊断和预警。

1.3.3 控制策略优化

虚拟仿真平台可对燃气轮机的运行进行模拟和评估,以及应用进化算法对燃气轮机的控制策略进行求解,可以大大缩短控制策略的优化周期和成本。仿真技术在控制策略优化方面的应用主要体现在以下方面。

1. 多变量控制策略

仿真分析能将多个控制变量(如进气流量、燃料流量、压缩机转速等)进行综合优化,实现各个控制目标的最佳协调。例如,模型预测控制(MPC)通过仿真预测未来的系统行为,从而实时调整控制参数,使系统保持在最佳状态。

2. 自适应控制策略

仿真能够帮助设计根据环境和负载变化自动调整的自适应控制策略,提高系统的响应速度和稳定性。系统通过仿真结合实时数据分析,不断更新和优化控制参数,以适应不同工况。

3. 鲁棒控制策略

仿真用于设计鲁棒控制策略,可以确保在各种不确定性(如风速、负载变化)下,系统仍能稳定运行。通过仿真进行测试和优化,能够确保系统在故障条件下具有自我恢复和调整的能力。

4. 能效优化策略

仿真用于分析和优化燃料使用策略,可以确保在不同负载和操作条件下燃料消耗最小。通过仿真研究排放控制策略,也可以优化燃气轮机的操作以减少污染物排放。

5. 非线性控制策略

利用仿真捕捉燃气轮机的非线性动态行为可以设计适应非线性特性的控制策略。结合机器学习和人工智能算法,通过仿真数据训练,还能开发智能控制策略,实现自学习和自优化。

1.4 Python 建模与仿真库

1989 年,荷兰人 Guido van Rossum 发明了一种面向对象的解释型编程语言,并将其命名为 Python。Python 是一种如今非常流行的高级通用编程语言,自从 1991 年正式发布以来,由于其代码简洁易懂、扩展性强,受到很多程序员的追捧。他们奉献了很多类库,使得 Python 的应用越来越方便,因此又吸引了更多的人来使用。尤其在近几年,随着机器学习、神经网络、大数据等技术的发展和应用,Python 在各个领域都产生了很多可以直接引用的功能模块。随着 Python 3 运行得越来越稳定及各种库的完善,Python 在数据分析、科学计算领域得到了越来越多的应用,其原因除了语言本身的特点,也在于第三方库的丰富易用。

Python 语言优雅且简洁,尤其在数据获取、清洗、分析、可视化环节,因此获得了无数应用仿真工程师、数据科学家的青睐。同时,Python 是跨平台的、免费开源的一门计算机编程语言,支持常见的主流平台,如 AIX、HPUX、Solaris、Unix、Linux、Windows、QNX、VxWorks、Psion 等,其中 Unix、Linux 平台均带有原生的 Python。

1.4.1 Python 在主要应用领域可用的相关工具

Python 工程建模与仿真是一种利用 Python 编程语言进行工程系统建模和仿真分析的技术。它将 Python 强大的数据处理和计算能力与工程建模和仿真库相结合,使工程师能够高效地解决复杂工程问题。Python 在建模与仿真的几个主要应用领域可用的相关工具如下。

1. 科学计算和数值分析

· NumPy:提供高效的多维数组操作,支持大量的数学运算。
· SciPy:构建在 NumPy 之上,提供数值积分、优化、信号处理和线性代数等功能。
· SymPy:支持符号数学计算,用于解析数学表达式和方程求解。

2. 数据可视化

· Matplotlib:强大的数据可视化库,用于绘制各种类型的图表。
· Seaborn:基于 Matplotlib 提供更高级和更美观的统计图表绘制功能。
· Plotly:支持交互式数据可视化,适用于网络和桌面应用。

3. 动态系统仿真

· SimPy:用于离散事件仿真的库,可以模拟复杂系统的行为和性能。
· PyDSTool:专门用于动力系统建模和仿真的库,支持常微分方程(ODE)、离散事件和混合系统仿真。
· DEAP:用于遗传算法和进化算法的框架,适合优化和仿真应用。

4. 机器学习与人工智能

· Scikit-learn:提供机器学习算法的简单而高效的工具集,适用于数据挖掘和数据分析。
· TensorFlow 和 PyTorch:深度学习框架,支持复杂神经网络的建模和仿真。
· Keras:高层神经网络 API,适用于快速构建和实验深度学习模型。

5. 系统建模与优化

· PuLP:线性规划问题的建模和求解工具。
· GEKKO:适用于动态系统的建模和优化,支持混合整数和非线性编程。
· Pyomo:一个多功能的优化建模库,支持线性、非线性和混合整数优化问题。

6. 物理仿真与计算

· OpenFOAM:通过 Python 接口,进行复杂流体动力学问题的仿真。
· FEniCS:用于有限元分析的自动化计算平台,支持复杂偏微分方程(PDE)的求解。
· PyBullet:物理引擎库,适用于机器人模拟、游戏和机器学习中的物理交互仿真。

7. 金融建模

· QuantLib:金融工程中的定量分析库,适用于金融衍生品定价和风险管理。
· Pandas:数据处理和分析库,广泛用于时间序列分析和金融数据建模。
· TA-Lib:技术分析库,提供各种金融指标和工具。

8. 仿真框架与平台

· SimPy:用于离散事件仿真的库,可以模拟复杂系统的行为和性能。
· NS-3:网络仿真器,通过 Python 绑定实现网络协议和互联网系统的建模与仿真。

9. 生物医学和系统生物学

· BioPython:生物信息学库,适用于处理生物序列数据和结构数据。
· COBRApy:系统生物学中的约束优化建模库,适用于代谢网络分析和模拟。

10. 地理信息系统(GIS)和遥感

· GeoPandas:处理地理数据的扩展库,支持地理数据的操作和可视化。
· Rasterio:适用于读取和操作地理空间栅格数据。
· GDAL:地理数据抽象库,通过 Python 绑定实现对空间数据格式的处理。

11. 工业应用

· OpenModelica:开源的建模和仿真环境,通过 Python 接口实现复杂物理系统的建模。
· PySPICE:电路仿真和分析工具,适用于电气工程中的电路设计和验证。

12. 人工社会与经济系统仿真

· Mesa:适用于构建和仿真人工社会的框架,支持多主体建模和复杂社会系统分析。

1.4.2 应用的优势

Python 为仿真与建模提供了灵活、丰富的库生态系统,易于使用和强大的社区支持。使用这些应用的主要优势如下。

1. 灵活性和可扩展性

Python 允许开发者以模块化方式编写代码,使复杂系统可以被分解成更小、更易管理的部分。这对于燃气轮机这样的复杂系统尤为重要。Python 具有良好的跨平台兼容性,可以在 Windows、Linux 和 macOS 等多个操作系统上运行,这对于多样化的仿真需求非常有利。

2. 丰富的科学计算库

NumPy库和SciPy库提供了高效的数值计算功能，满足矩阵运算、线性代数、积分、优化等多种科学计算需求，非常适合燃气轮机仿真中的复杂数学计算。Pandas库便于处理仿真数据、进行数据分析和结果可视化。SymPy库支持符号数学计算，适用于解析、求解燃气轮机中的物理和化学方程。

3. 数据可视化

Matplotlib库和Seaborn库提供了强大的数据可视化功能，便于绘制各种图表，展示仿真结果和性能分析。Plotly库支持交互式数据可视化，使仿真结果更直观，便于探索和解释。

4. 集成和自动化

Jupyter Notebook提供了一个交互式开发环境，可以方便地编写、运行和展示仿真代码和结果，适合于实验和原型开发。Python脚本可以方便地与其他仿真工具和软件集成，自动化运行仿真任务，提高工作效率。

5. 开源工具和框架

OpenMDAO是开源的多学科设计优化框架，适用于复杂系统的建模和优化，可以集成燃气轮机的多种物理模型和优化算法。GPy用于高斯过程的建模和仿真，其可以预测燃气轮机的性能和分析不确定性。

6. 高性能计算

通过multiprocessing库和mpi4py库，Python可以实现并行计算，加速大规模仿真任务。Numba可以将Python代码编译为机器码，大幅提高计算效率，适用于计算密集型的燃气轮机仿真。

7. 机器学习与人工智能

Scikit-learn提供了丰富的机器学习算法，可以用于燃气轮机的状态预测、故障诊断和性能优化。TensorFlow和PyTorch包含了深度学习框架，可以用于复杂模型的训练和预测，提高燃气轮机仿真的精度和效率。

8. 社区支持与资源

Python具有庞大的用户社区，丰富的文档和教程，便于快速获取技术支持和解决问题。大量的开源项目和代码库，可以直接利用或参考，可加速开发过程。

第2章　系统仿真与模型

现代仿真技术借助电子计算机，利用所研究对象的数学模型对实际系统进行分析、研究和实验，具有安全、经济、见效快、可预测、可重复等特点。本章介绍了系统仿真理论的基本概念，给出仿真实验的分类，分析了数学建模与验证的基本方法。

2.1　基本概念

2.1.1　仿真定义与分类

仿真是利用物理的或数学的模型进行系统性能分析与研究的实验方法。仿真包括三个技术要素：系统、模型和计算机。它们之间的关系如图 2-1 所示。

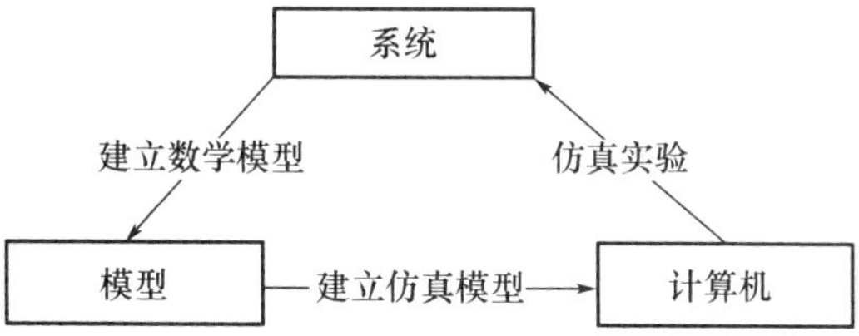

图 2-1　仿真技术三要素之间的关系

2.1.2　系统与模型

系统是按某种规律组合起来，既相互联系又相互作用的物体所构成的集合。系统包括三个要素：实体、属性和活动。实体指构成系统的每一个物体，属性指各个实体的特性（状态和参数），活动指各个实体随时间推移所发生的状态变化的过程。

以图 2-2 所示的燃气轮机调速系统为例，图中调节器、执行器、检测元件是系统的实体，系统的属性有调节器特性、执行器特性、被调对象特性等，活动则是调节器根据偏差发出的调节信号、被调对象调节的响应。

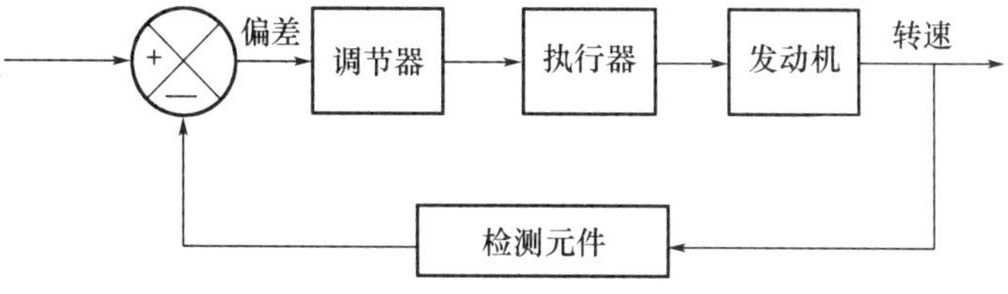

图 2-2　燃气轮机调速系统简图

建立系统概念的目的在于深入认识并掌握系统的运动规律。这不仅要定性,还要定量地分析、综合系统,以便于更准确地解决工程、自然界和现代社会中的复杂问题。要实现定量分析,最有效的方法是建立系统的模型。

模型是对系统的特征与变化规律的一种定量抽象,是人们认识事物的一种手段(工具)。模型的分类有多种,本书将模型分为以下几类。

(1)物理模型:具有某种实际物理特性的模型,如压气机、涡轮、转子等各种缩比实物模型,这类模型采用几何相似原理,通过缩比后的物理模型进行试验。各种物理效应设备,如燃油系统、负载模拟器等,用于反映某种物理模型的特性,可直接接入仿真系统,参与动态运行。

(2)概念模型:一种抽象的、不能或很难用数学方法描述且只能用语言(自然语言或程序语言)描述的系统模型。

(3)数学模型:采用数学符号与数学关系,对系统或实体内在运动规律与外部的作用关系进行抽象和对某些本质特征进行描述的模型。这一过程往往是发现未知知识的过程,例如历史上力学、电学、电磁学等理论的提出。

(4)仿真模型:通过某种数字仿真算法将数学模型转换成能够在计算机上运行的模型,是一类面向仿真应用的专用软件。

2.1.3 仿真计算机与仿真过程

仿真计算机是用于仿真模型解算的计算机。它是仿真系统的核心部分,也是仿真活动的载体。随着计算机技术的不断更新换代,仿真技术的发展先后经历了模拟计算机、混合计算机和数字计算机的发展历程。模拟计算机利用各种数学模型的典型电路,组成各种典型的基本运算部件,这些部件的输入、输出是电压,它们之间连接起来可以进行复杂的数学运算。20 世纪 50 年代以前是模拟计算机的黄金时期。模拟计算机存在复杂函数生成困难,排题、解题不方便,以及易受环境影响等缺点。混合计算机在 20 世纪 50 年代至 70 年代出现,人们在模拟计算机中加入大量数字逻辑部件、模拟/数字混合部件,目的是提高运算速度和增强功能。数字计算机与模拟计算机不同,只采用 0 和 1 断续变化的电脉冲数码串表示系统状态和数值,其主要由运算器、控制器、存储器、输入设备和输出设备组成。

近年来,现代仿真技术在各类应用需求的牵引及有关学科技术的推动下,正处于快速发展、逐渐成熟的新阶段,其发展趋势是“数字化、虚拟化、网络化、智能化、服务化、普适化”,值得关注的发展方向包括网络化仿真、综合自然/人为环境的仿真、智能系统建模及智能仿真、复杂系统/开放复杂巨系统的仿真、虚拟样机工程与基于仿真的采办、高性能计算/仿真、普适仿真、嵌入式仿真和数字孪生等。

2.2 计算机仿真实验的分类

2.2.1 按模型分类

计算机仿真实验按照模型可以分为物理仿真和数字仿真。若仿真实验采用的模型是物理模型，则称之为物理仿真。物理仿真具有构成复杂、造价高等特点。若是数学模型，则称之为数字仿真。其仿真过程是首先建立数学模型，然后将数学模型转换为仿真模型进行仿真。若仿真实验中既有数学模型，又有物理模型，则称之为半物理仿真。

2.2.2　按仿真计算机分类

计算机仿真实验按照仿真计算机可以分为模拟仿真、数字仿真和分布式数字仿真。

模拟仿真是采用数学模型，在模拟计算机上进行的实验研究。模拟计算机的核心是运算部分。模拟仿真描述连续物理系统的动态过程比较自然、逼真，具有仿真速度快、失真小、结果可靠的优点，但受元器件性能影响，仿真精度较低，对计算机控制系统的仿真较困难，自动化程度低。

数字仿真是采用数学模型，在数字计算机上借助数值计算方法所进行的仿真实验。其特点是计算与仿真的精度较高。理论上计算机的字长可以根据精度要求“随意”设计，但是由于受到误差积累、仿真时间等因素影响，其精度也不宜定得太高。

对于算法复杂的大型数字仿真问题，仅用一两台个人计算机(PC)进行数字仿真往往受到速度和精度这一矛盾的影响。现代计算机网络技术提供的分布式数字仿真方法为数字仿真开辟了新的途径，其原理如图 2-3 所示。

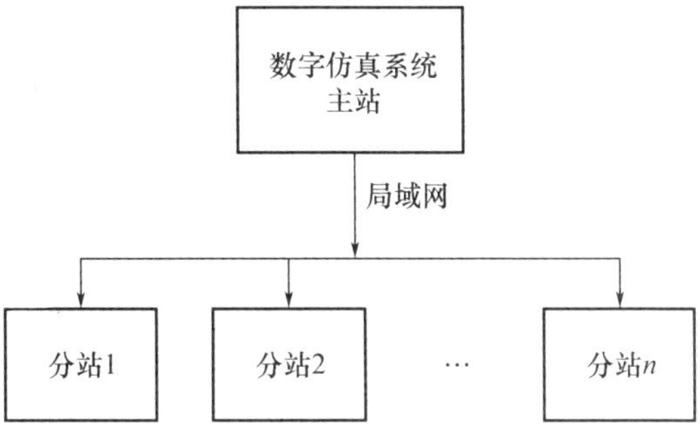

图 2-3　分布式数字仿真系统

2.2.3　按仿真应用分类

计算机仿真实验按照仿真应用可以分为工程仿真和训练仿真。

工程仿真主要用于产品的设计、制造和实验。其采用建模、仿真技术建立数字化虚拟样机、工程模拟器、半实物仿真系统等，可以实现缩短产品开发时间、提高产品质量和服务质量、降低成本和环境污染、增加产品知识含量的目标。

训练仿真采用各种训练模拟器或培训仿真系统，对操作人员进行操作技能的训练、应急处理各种故障的能力的训练，以及对指挥员和管理决策人员的指挥、决策能力的训练。其采用的训练模拟器及培训仿真系统均具有节能、环保、经济、安全、不受场地和气象条件限制的特点，如轮机模拟器、电站仿真器、飞机仿真器，训练仿真具有训练周期短、训练效率高等突出优点。

2.3 系统建模技术

2.3.1 数学模型构建方法

1. 机理建模方法

数学模型是关于部分现实世界和为一种特殊目的而做的一个抽象的、简化的结构，其用数学结构表达式描述客观事物的特征及其内在联系。

模型正确是建模应具备的必要性质。对于采用机理建模方法建立的数学模型，在模型验证工作中主要是检验模型的可信性。所谓可信性，就是通过对实际系统所存在的各种特性/规律/现象（人们通过推演/经验可认识到的系统的必要性质/条件）进行"仿真模拟/仿真实验"，通过仿真结果与"必要条件"的吻合程度来验证系统模型的可信性/有效性。一般情况下，模型验证需要进行实验设计，其实验结果是人们可以判定的。

2. 系统辨识的建模方法

由于燃气轮机装置中一些系统或设备的工作过程往往是热工工作过程，是一种反映质量和能量的传递过程，因此人们往往只能定性了解这些系统或设备。直接利用已知的基本定律导出模型有时比较困难，但允许直接对其进行实验观测。因此可以先假设该系统或设备的数学模型，并根据实验的数据加以验证和校正，这种方法是系统辨识法。该方法是对具体的对象施加一定的实验信号，通过测量输入、输出数据，对它们进行分析、处理，从而辨识出对象的数学模型。由于所加的实验信号及所用的分析方法不同，系统辨识的方法也有很多种，较常用的方法有时域法、频域法、相关分析和参数估计法。时域法辨识系统模型的基本原理如下。

为了得到对象的动态特性，并建立相应的数学模型，在时域中，采用的方法是现场测出其对阶跃输入信号的响应，所得到的阶跃响应曲线称为飞升曲线，再根据飞升曲线辨识出对象的数学模型。

燃气轮机装置中的对象主要是热力设备，一般用传递函数的形式来描述这些对象的动态特性，其传递函数的形式一般可用下面几种形式来概述。

（1）一阶惯性环节：

$$G(s) = \frac{K}{Ts + 1} \tag{2-1}$$

（2）带延时的一阶惯性环节：

$$G(s) = \frac{K}{Ts + 1}e^{-\tau s} \tag{2-2}$$

（3）二阶振荡环节：

$$G(s) = \frac{K}{T^2 s^2 + 2\xi Ts + 1} \tag{2-3}$$

(4)带延时的二阶振荡环节：

$$G(s)=\frac{K}{T^2s^2+2\xi Ts+1}e^{-\tau s} \tag{2-4}$$

下面以一阶惯性环节为例介绍时域法。数据的输入信号为 $u(t)$，输出响应为 $y(t)$。假设模型飞升曲线在 $t=0$ 处斜率不为零，且为最大值，然后飞升曲线逐渐上升到稳态值 $y(\infty)$，则该环节可用一阶惯性环节来近似描述。其中，有两个未知参数 K 和 T 需要确定。

稳态放大系数 K 可用稳态输出值的稳态值 $y(\infty)$ 与输入阶跃幅值 u_0 之比来进行计算，即

$$K=\frac{y(\infty)}{u_0} \tag{2-5}$$

对于一阶惯性环节，其解的形式为 $y(t)=y(\infty)(1-e^{-\frac{t}{T}})$，可以推算出标幺飞升曲线：

$$y^*(t)=\frac{y(t)}{y(\infty)}=1-e^{-\frac{t}{T}}$$

$$\Rightarrow T=\frac{-t_1}{\ln[1-y^*(t_1)]} \tag{2-6}$$

如果取 $y^*(t)=0.632$，则 $T=t_1$，所以只要找出标幺飞升曲线上纵坐标为 0.632 处对应的时间坐标 t_1，此值就是时间常数。

以单轴燃气轮机为例，燃气轮机轴系上的力矩平衡模型可表示为一阶环节模型：

$$(T_0s+1)n(s)=K_1f(s)-K_2M(s) \tag{2-7}$$

式中，T_0 为燃气轮机惯性时间常数；n 为轴系转速；f 为燃气轮机供油量；M 为负载力矩；K_1 为燃料系数；K_2 为负载力矩系数。

用实验方法建立模型时，人们只能测取有限的数据。利用这些有限的数据建立相应的数学模型，以尽可能精确地反映系统的特性的过程称为逼近，所用的基本方法就是插值。

插值是求取两个测量点之间函数值的计算方法，包括线性插值和三次样条插值。线性插值是针对一维数据的插值方法。它根据一维数据序列中需要插值的点的左右临近两个数据进行数值估计，两个测量点之间用直线连接，呈线性关系。当然，它不是求这两个点数据大小的平均值，而是根据到这两个点的距离来分配比重的。如图 2-4 所示，已知点(x_0, y_0)和(x_1, y_1)，则在 x 处，根据线性插值原理得到 y 值为

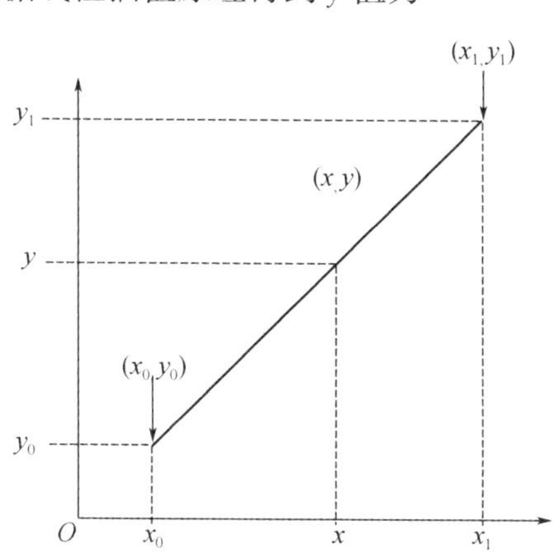

图 2-4　线性插值示意图

$$y = y_0 + \frac{y_1 - y_0}{x_1 - x_0}(x - x_0) \tag{2-8}$$

对于确定型系统，它的输出完全可以用它的输入来唯一描述。但是对于随机型系统（例如带有随机扰动的确定型系统）而言，它的输出可能是多样的。因此对于随机型系统，其数据处理需要依据数理统计的理论与方法来处理，常用的方法是最小二乘法。

最小二乘法是由高斯在进行行星轨道观测研究时提出的。在科学实验的统计研究中，往往根据一组测得的数据[如(x_i, y_i), $i=1,2,\cdots,n$]，使自变量 x 和因变量 y 的近似函数关系为 $y=\varphi(x)$。

由于受到随机扰动的影响，每次测量的结果都不会是一样的。所以，不必要求 $y=\varphi(x)$ 经过所有的点(x_i, y_i)，而只要求 $y=\varphi(x)$ 是某给定函数类 H 中的一个函数，并要求 $\varphi(x)$ 能够使 y_i 与 $\varphi(x_i)$ 的差的平方和相对于同一函数类 H 中的其他函数是最小的，即

$$\sum_{i=1}^{n} [y_i - \varphi(x_i)]^2 = \operatorname*{Min}_{\varphi \in H} \sum_{i=1}^{n} [y_i - \varphi(x_i)]^2 \tag{2-9}$$

这就是最小二乘法。

最小二乘法的特点如下：

(1) 原理易于理解（不需要数理统计方面的知识）；

(2) 应用广泛（可用于动态/静态系统、线性/非线性系统的辨识）；

(3) 所得的"估计值"具有条件最优的统计特性。

2.3.2 模型验证与校验

在仿真实验过程中，其结果的有效性取决于"系统模型"的可靠性。因此，模型验证是一项十分重要的工作，它应该贯穿于"系统建模—仿真实验"这一过程中，直到仿真实验取得满意的结果。

1. 模型验证的内容

一个系统模型能否准确而有效地描述实际系统，应从以下两个方面来检验：验证"系统模型"能否准确地描述实际系统的性能与行为；检验基于"系统模型"的仿真实验结果与实际系统的近似程度。

由于系统模型只是对实际系统的一种近似，所以这种相似或近似不可能是百分之百地真实描述系统的性能或行为。验证其"相似或相近"程度有助于我们更有效地分析实际系统。

2. 模型验证的基本方法

(1) 基于机理建模的必要条件法

对于采用机理建模法建立的数学模型，在模型验证工作中主要是检验模型的可信性。所谓可信性，就是通过对实际系统所存在的各种特性/规律/现象（人通过推演/经验可认识到的系统的必要性质/条件）进行"仿真模拟/仿真实验"，通过仿真结果与"必要条件"的吻合程度来验证系统模型的可信性/有效性。

(2) 基于实验建模的数理统计法

数理统计法也称为最大概率估计法，它是数理统计学中描述一般随机状态发生可能性

大小的一种数学描述。由于实验建模中所依据的“数据”往往带有一定的随机性与不确定性，因此所得模型的可信性与准确性往往不确定。在实验建模时，一般是通过考察在相同输入条件下，系统模型与实际系统的输出结果在一致性、最大概率性、最小方差性等“数理统计”方面的情况来综合判断其可信性与准确性。

通过一些离散数据的有效处理，建立系统模型，不仅可以对问题进行有效的分析与研究，更重要的是依据这个数学模型可以进行有效的预测，以指导工作与实践。

(3)实物模型验证法

对于机电系统、化工过程系统及工程力学等可依据“相似原理”建立“实物模型”的仿真研究问题，应用“实物(或半实物)仿真技术”可以在可能的条件下实现最高精度的模型验证。当然，这种验证的代价相对较高。这也是为什么在航空航天、船舶、核能等领域，人们总是把实物仿真作为产品定型和批量生产前的最高级别仿真的原因。

3. 模型验证中应该注意的问题

(1)模型验证工作是一个过程。它是建模者对所研究问题由感性认识上升到理性认识的一个阶段，往往需要反复才能成功。

(2)模型验证工作具有模糊性。模糊性是人脑的一种逻辑思维，例如我们在生活中也会说“可能”，同样，系统模型是实际系统的一种相似，其相似程度具有一定模糊性，这也与建模者对实际系统问题的认识与理解程度有关。因此，在模型验证工作中，应注意对于同一个问题，不同建模者所建立的模型可能也有所不同。

(3)模型的全面验证往往是不可能或者是难以实现的。这是因为，对于一些复杂的系统模型与仿真问题，模型验证工作需要大量的统计分析数据。而实际上，不论是“测取”还是“统计分析”，往往都需要漫长而又复杂的设计与计算过程，这些都会大大增加模型验证工作的难度。

第3章 燃气轮机建模技术

数学模型是为特殊目的而设计的一个抽象的、简化的结构，用数学结构表达式描述客观事物的特征及其内在联系。对燃气轮机来说，数学模型就是根据燃气轮机设计周期中的不同任务和优化课题建立起来的燃气轮机设计参数与性能参数之间的数学关系。应用模型仿真技术能提高工作效率，降低研发成本。设计周期的不同阶段对应不同功能和精度要求的数学模型。在设计阶段，数学模型可以是理想状态的理论模型，能为燃气轮机各部件设计提供必需的匹配数据。在各部件试验改进阶段，数学模型应能估计结构上的偏差和变化对燃气轮机特性与性能的影响。在燃气轮机交付使用阶段，要给用户提供相应的燃气轮机用户程序。因此燃气轮机的数学模型是与燃气轮机研制历程一起发展的。在燃气轮机研制的不同阶段，存在着精度不同、功能不同的数学模型，而最适应燃气轮机研制历程的数学模型是发动机部件级模型。这种模型的发展时间长、应用范围广，在科研生产中有着无法替代的作用。此外，有些部件级模型因为与其他学科结合而得到了进一步的发展，比如与材料学结合发展出了燃气轮机的称重模型和强度寿命模型。

本章将介绍燃气轮机建模理论、模块化建模方法、燃气轮机部件数学模型和微分方程数值解法，并给出一个分轴燃气轮机建模实例。

3.1 燃气轮机建模理论概述

3.1.1 机理建模方法

机理建模方法基于燃气轮机系统的物理特性，通过建立控制方程和能量平衡方程得出燃气轮机系统的数学模型。这种方法的优点是能够准确地反映燃气轮机系统的物理特性，但是需要大量的计算和模型参数的确定，适用于研究燃气轮机系统的基本特性。基于物理原理的燃气轮机建模主要包括以下几个关键部分。

1. 热力学分析

热力学分析是燃气轮机建模的基础，包括以下几个部分：利用理想气体方程或其他状态方程来描述工质（通常是空气和燃料）的状态；应用能量守恒定律（第一热力学定律）来分析不同部件（如压气机、燃烧室和涡轮）中的能量变化；利用焓和熵来描述各状态点的热力学性质，并进行状态变化分析。

2. 流体力学分析

流体力学分析用于描述燃气在燃气轮机内的流动行为，包括保证质量守恒，即流入和流出的质量流量相等的连续性方程；描述气流动量变化，包括受力分析的动量方程；描述气流能量变化的能量方程。

3. 燃烧过程建模

燃烧过程是燃气轮机的重要部分，需要考虑燃料和空气的混合、燃烧反应、热释放等过程。燃烧过程涉及描述燃料燃烧的化学反应过程，包括反应速率、生成物和中间产物。燃烧方程通过平衡方程和速率方程计算燃烧产物的组成和温度。对燃烧过程建模还需要进行热力学分析，计算燃烧过程中的焓、熵变化。

4. 传热分析

传热分析考虑燃气轮机内部及外部的热量传递过程，包括描述气流与固体表面之间的热量传递的对流传热；描述固体内部的热量传递的传导传热；在高温部件（如燃烧室和涡轮）中不可忽略的辐射传热。

5. 机械分析

机械分析关注燃气轮机各部件的机械性能和结构强度。应力与应变分析用于分析高温、高压环境下材料的应力和应变，疲劳与断裂分析评估材料在循环负荷下的疲劳寿命和断裂风险。

6. 数值模拟

基于以上物理原理的分析，采取数值模拟是实现燃气轮机建模的重要手段。常见的数值模拟手段包括：

（1）有限元法（FEM），用于结构力学和传热分析；

（2）计算流体力学（CFD），用于流体力学和燃烧过程的模拟；

（3）数值求解器，应用数值算法求解上述方程，获得各状态点的详细信息。

7. 模型验证与校准

为了保证模型的准确性，需要进行模型的验证和校准。其内容包括通过实验数据验证模型的准确性，确保模拟结果与实际情况相符，以及根据实验结果调整模型参数，提高模型的预测精度。

3.1.2 基于数据驱动的建模方法

基于数据驱动的建模方法主要依赖大量的运行数据，通过数据分析和机器学习技术来建立模型。这些方法可以补充和改进基于物理原理的建模，适用于复杂的强非线性系统。

基于数据驱动的建模方法的数据来源主要包括传感器数据、历史运行的长时间数据、故障数据。在利用数据驱动模型前，需要对数据进行预处理，数据预处理主要包括数据清洗、数据标准化、数据特征提取。为了减少模型的复杂性并提高模型的精度，应选择与燃气轮机性能相关的关键特征。

常用的机器学习分为回归模型、分类模型、集成学习和深度学习。回归模型用于预测连续变量，如输出功率、效率等；分类模型用于故障诊断等分类任务，常见的有逻辑回归、支持向量机（SVM）；集成学习通过集成多个模型，提高预测准确性和鲁棒性，常见的有随机森林、梯度提升机(GBM)和极限梯度提升(XGBoost);对于复杂的高维数据,深度学习模型具有很强的建模能力,常见的有深度神经网络(DNN)、卷积神经网络(CNN)和循环神经网络(RNN)。

在进行建模时,需要对数据集进行划分,一般将数据集划分为训练集与测试集,用于模型训练和性能验证。可以选择通过交叉验证方法评估模型的泛化能力,减少过拟合;可以使用均方误差(MSE)、均方根误差(RMSE)、准确率和召回率等指标评估模型性能。

3.1.3 混合建模方法

混合建模方法结合了物理原理模型和数据驱动模型的优势,可以提高预测精度、模型的鲁棒性和适应性。混合建模方法可以弥补单一模型的不足,尤其在处理复杂系统的非线性和不确定性时表现出色。

物理模型虽然可以准确描述燃气轮机的物理特性,但存在以下不足:首先是在复杂性和非线性方面,燃气轮机的运行环境复杂,存在非线性现象,物理模型难以完全精确地描述所有细节;其次,物理模型依赖一些难以准确测量或变化的参数,参数不确定性会导致模型预测出现误差;最后,高保真物理模型(如计算流体力学模型)的计算成本和复杂度较高,难以实时应用。

为了弥补上述问题,可以采用如下方法:

(1)可以考虑数据驱动模型修正,即使用数据驱动模型(如机器学习)对物理模型的输出进行修正,减少预测误差;

(2)在不损失关键特性的前提下,简化物理模型结构,通过数据驱动模型进行校正和补偿;

(3)利用数据驱动模型的快速计算能力进行实时预测和调整,增强物理模型的实时应用性。

数据驱动模型同样存在一些不足:数据驱动模型严重依赖历史数据,缺乏足够数据时性能下降;数据驱动模型在训练数据上表现良好,但可能在新数据上表现不佳,容易过拟合;数据驱动模型(如深度学习)常为黑箱模型,难以解释其内部机制和预测结果。

针对物理模型和数据驱动模型的这些问题,可以选择如下解决方案:

(1)在数据驱动模型中融入物理知识,利用物理模型的输出作为输入特征,提高模型的泛化能力;

(2)将物理模型的约束条件引入数据驱动模型,确保其预测结果符合物理规律,减少不合理预测;

(3)利用物理模型的预测结果初始化数据驱动模型参数,引导模型训练,提高其稳定性和准确性。

上述解决方案本质上都可以归纳为物理建模和数据驱动建模的混合建模方法。混合建模方法主要有并行混合建模(parallel hybrid modeling)及串行混合建模(serial hybrid modeling)两种。并行混合建模是指物理模型和数据驱动模型同时运行,各自独立进行预测,然后将二者的结果进行融合,以获得最终的预测输出;串行混合建模是指物理模型和数据驱动模型按顺序进行预测,其中一个模型的输出作为另一个模型的输入或初始条件。

3.2　模块化建模方法介绍

3.2.1　模块化建模的优势

模块化建模方法是一种将复杂的系统分解成更小、更易管理的模块的建模策略。这些模块可以独立地进行开发、分析和测试,然后集成到一个完整的系统中。模块化建模在工程、软件开发、系统设计等领域有广泛应用,具有很高的灵活性和可维护性。模块化建模有如下优势。

1. 简化复杂性

模块化建模方法将复杂系统分解成多个独立的模块,每个模块只需关注特定的功能或子系统,降低了理解和管理的难度。通过层次化设计,可以在不同抽象级别处理问题,高层次关注系统总体结构,低层次关注具体实现细节。

2. 提高可维护性

模块化建模方法的模块之间的独立性使得对单个模块的修改不会影响其他模块,从而提高了系统的可维护性。当系统需要修改时,只需针对相关模块进行调整,而不必影响整个系统,减少了维护成本和风险。

3. 可重用性

模块化建模方法包含很多独立模块,可以在不同项目或系统中重复使用,节省开发时间和成本。通过定义标准化接口,模块可以更容易地在不同环境中复用和集成,提高开发效率。

4. 便于协同开发

由于模块化建模方法包含很多独立模块,因此不同开发团队可以并行开发各自负责的模块,提高开发效率和进度。通过提前定义模块接口,各团队可以独立工作而不必等待其他模块的完成,减少了开发过程的依赖性。

5. 提高系统可靠性

每个模块可以单独进行测试和验证,以确保其功能正确,从而提高整个系统的可靠性。模块化的设计使得故障容易隔离和定位,便于快速修复问题,减少对系统整体运行的影响。

6. 便于扩展和升级

可以通过替换或升级单个模块来扩展系统功能或提升性能,而无须对整个系统进行大规模修改。当需要新功能时,可以通过添加新模块来实现,从而保证现有系统的稳定性和可靠性。

7. 支持并行开发和持续集成

多个开发团队可以同时在不同的模块上工作,大大缩短了开发周期。模块化设计便于集成测试和持续交付,通过自动化工具可以频繁地集成和测试模块,确保系统的稳定性和质量。

8. 提高开发效率

模块化建模通过复用已有模块,可以减少重复开发工作,提高开发效率。模块化设计便于快速构建系统原型,通过组合现有模块可以快速验证设计思路和功能需求。

9. 支持跨平台和跨技术栈开发

模块化设计使得模块可以在不同的平台上运行,只需实现不同平台的接口,增强了系统的兼容性。模块之间通过接口通信,使得不同技术栈的模块可以无缝集成,从而提供更灵活的技术选择。

10. 改进项目管理

模块化设计使项目管理更易于控制,每个模块的进度和质量都可以独立监控和评估。模块化设计可以将风险分散到不同模块中,降低了系统整体的开发风险。

11. 促进知识共享和积累

通过模块化设计,将特定领域的知识封装在模块中,便于团队成员之间的知识共享和积累。

3.2.2 模块化建模的步骤

模块化建模方法是针对大系统仿真而发展起来的建模方法。它的特点是在系统物理元件(子系统)的基础上,建立整个系统的模型。具体步骤:对系统按照功能、边界进行划分,而后进行模块化建模,最后按照一定的逻辑关系进行连接,组成整个系统的模型。模块化建模流程如图 3-1 所示。

图 3-1 模块化建模流程

3.3 模型数值解法

在部件级模型方程的基础上,采用一定的数值计算方法可以计算出离散点近似值。模型数值解的基本方法包括以下几种。

(1)数值微分方法(差商法):这是一种差分递推的方法,精度为 h^2。

(2)泰勒展开法:在理论上是可行的,精度可大大提高,但解起来相当困难。截断误差 $o(h^2)$ 与 h^2 同量级,这种情况称为具有一阶精度。

(3)数值积分法。目前数值积分的方法很多,需要根据仿真精度和计算时间的要求来确定使用何种方法。

3.3.1 Euler 法

对于含有自变量、自变量的未知函数及其导数的微分方程:

$$f(x, y', y'', \cdots, y^n) = 0 \tag{3-1}$$

将式(3-1)在区间$[t_i, t_{i+1}]$上积分,即

$$\int_{t_i}^{t_{i+1}} \frac{\mathrm{d}y}{\mathrm{d}t}\mathrm{d}t = \int_{t_i}^{t_{i+1}} f(t, y)\,\mathrm{d}t \tag{3-2}$$

得

$$y_{i+1} = y_i + \int_{t_i}^{t_{i+1}} f(t, y)\,\mathrm{d}t \tag{3-3}$$

如果将离散点间隔取足够小,可将$f(t,y)$近似地看作常数$f(t_i, y_i)$,即在区间$[t_i, t_{i+1}]$上利用矩形公式:

$$\int_{t_i}^{t_{i+1}} f(t, y)\,\mathrm{d}t = hf(t_i, y_i) \tag{3-4}$$

则式(3-3)可化为

$$y_{i+1} = y_i + hf(t_i, y_i) \quad i = 0, 1, 2, \cdots, n-1 \tag{3-5}$$

式(3-5)即为著名的 Euler 公式。Euler 公式的几何意义在于把$f(t,y)$在$[t_i, t_{i+1}]$区间内的曲边面积用矩形面积来近似代替。当 h 很小时,可认为造成的误差是允许的。Euler 法的原理简单,计算量小,由前一点值递推就可以求出后一点值,属于单步法。由于 Euler 法从初始值即可开始递推运算,不需要其他信息,因此属于自启动算法。

Euler 法相当于泰勒一阶展开式,其误差 $o(h^2)$ 与 h^2 同量级,具有一阶精度。显然,该算法精度较差。对任意时刻 t_{n+1},$y_{n+1} = y(t_{n+1}) \cong y_n + (t_{n+1} - t_n) \cdot f(t_n, y_n)$,截断误差正比于 h^2。Euler 法计算精度较差,因此一般情况下无实用价值。Euler 法给出了提高精度的思路,是许多高精度数值积分算法的基础。

3.3.2 龙格-库塔法

泰勒级数展开变换为

$$y_{k+1} = y_k + hf_k + \frac{h^2}{2!}(f'_{t_k} + f'_{y_k} f_k) + \cdots \tag{3-6}$$

式中,f'_{t_k}等的各阶导数不易计算,若用 k_i 的线性组合表示,则

$$y_{k+1} = y_k + h\sum_{i=1}^{r} b_i k_i \tag{3-7}$$

式中,r 为精度阶次。

当 $r=1$ 时，$k_1=f(t_k,y_k)$

$$y_{k+1}=y_k+hb_1k_1 \tag{3-8}$$

与式(3-6)相比，令 $b_1=1$，则

$$k_i=f\left(t_k+c_ih,y_k+h\sum_{j=1}^{i-1}a_jh_j\right)$$

$$y_{k+1}=y_k+hb_1k_1 \tag{3-9}$$

式(3-9)即为欧拉递推公式。其中，k_1 为 y_k 点切线的斜率；b_i,c_j,a_j 为待定系数，一般 $c_1=0$。

当 $r=2$ 时，则

$$k_1=f(t_k,y_k)$$

$$k_2=f(t_k+c_2h,y_0+ha_1k_1) \tag{3-10}$$

k_2 按照二元函数展开为

$$k_2\approx f_k+c_2hf'_{t_k}+ha_1k_1f'_{y_k} \tag{3-11}$$

则

$$y_{k+1}=y_k+hb_1k_1+kb_2k_2=y_k+(b_1+b_2)hf_k+b_2c_2h^2f'_{t_k}+a_1b_2h^2f_kf'_{y_k} \tag{3-12}$$

与式(3-5)相比，取二阶近似公式比较，即得下列关系：

$$b_1+b_2=1,b_2c_2=\frac{1}{2},a_1b_2=\frac{1}{2} \tag{3-13}$$

式中，待定系数大于方程个数，必须先假定一个系数，然后求取其他系数，一般有以下几种取法。

(1) $a_1=\frac{1}{2},b_1=0,b_2=1,c_2=\frac{1}{2}$，则

$$\begin{cases}y_{k+1}=y_k+hk_2\\k_1=f(t_k,y_k)\\k_2=f\left(t_k+\frac{h}{2},y_k+\frac{h}{2}k_1\right)\end{cases} \tag{3-14}$$

(2) $a_1=\frac{2}{3},b_1=\frac{1}{4},b_2=\frac{3}{4},c_2=\frac{2}{3}$，则

$$\begin{cases}y_{k+1}=y_k+\frac{h}{4}(k_1+3k_2)\\k_1=f(t_k,y_k)\\k_2=f\left(t_k+\frac{2}{3}h,y_k+\frac{2}{3}hk_1\right)\end{cases} \tag{3-15}$$

(3) $a_1=1,b_1=\frac{1}{2},b_2=\frac{1}{2},c_2=1$，则

$$\begin{cases}y_{k+1}=y_k+\frac{h}{2}(k_1+k_2)\\k_1=f(t_k,y_k)\\k_2=f(t_k+h,y_k+hk_1)\end{cases} \tag{3-16}$$

以上几种递推公式均称为龙格-库塔公式。其中式(3-16)又称为预估-校正法或梯形法。

通过观察以上公式可以发现,二阶龙格-库塔法的规律是相同的,都是通过 y_k 点先求取切线的斜率 k_1,再以次斜率求取另一个斜率 k_2,最后以满足二阶精度为目的,取适当加权系数,求取调整斜率 $k=b_1k_1+b_2k_2$。这也是龙格-库塔法的共同规律。

按照上述规则,取 $r=4$,即截断误差正比于 h^5 的4阶龙格-库塔法(RK-4)公式:

$$y(t_{k+1}) \cong y_{k+1}=y_k+\frac{h}{6}(k_1+2k_2+2k_3+k_4) \tag{3-17}$$

式中,$k_1=f(t_k,y_k)$;$k_2=f\left(t_k+\frac{h}{2},y_k+\frac{h}{2}k_1\right)$;$k_3=f\left(t_k+\frac{h}{2},y_k+\frac{h}{2}k_2\right)$;$k_4=f(t_k+h,y_k+hk_3)$。

龙格-库塔法形式多样,步长 h 在整个计算中并不要求固定,可以根据精度要求改变。但是在一步中,为计算若干个系数 k_i,则必须用同一个步长 h。四阶方法的 h 可以比二阶方法的 h 大10倍,每步计算量仅比二阶方法大一倍。高于四阶的方法每步计算量将增加较多,而精度提高不大。

3.3.3　数值计算方法的稳定性与收敛性分析

数值积分法求解微分方程实质上是通过差分方程作为递推公式进行的。在微分方程差分化的过程中,有可能使原来稳定的系统变为不稳定的系统。因此,数值积分法本身从原理上就不可避免地存在误差,并且计算机逐点计算时,初始数据的误差、计算过程的舍入误差等不断使误差积累。如果这种误差积累能够得到抑制,不会随着计算时间增加而无限增大,则认为相应的数值计算方法稳定,反之则认为不稳定。

数值稳定性可通过对不同数值积分法对应的差分方程的稳定性进行分析得到。而差分方程的稳定性与采样周期 T(相当于算法公式中的步距 h)有很大的关系。所以最简单的数值稳定性判别方法是取两种显著不同的步距进行试算,若所得数据基本相同,则一般是稳定的。当然,这种方法仅适用于简单地估计稳定性。稳定性问题非常复杂,可参考有关计算算法的文献。

数值计算方法的收敛性是指当步长趋近于零时,数值解趋近于精确解的速度。一般来说,数值计算方法的收敛性是判断其优劣的重要指标之一。数值计算方法的收敛性可以通过数学分析来研究,一般需要对数值解和精确解之间的误差进行估计,以得到其误差的渐进界,从而判断数值计算方法的收敛速度和收敛阶数。具体来说,如果数值解与精确解之间的误差在取步长趋近于零时呈现出一定的收敛速度和收敛阶数,那么该数值计算方法就是收敛的。

通常情况下,数值计算方法的收敛速度和收敛阶数越高,其数值解与精确解之间的误差就越小,精度就越高。因此,在实际应用中,我们需要选择收敛速度和收敛阶数较高的数值计算方法,以获得更准确的数值解。

需要注意的是,数值计算方法的收敛性只是判断其优劣的一个方面,还需要考虑其他因素,如计算量、稳定性等。因此,在选择数值计算方法时,需要综合考虑各种因素,以选取更合适的方法。

3.3.4 数值求解算法选择

1. 单步法与多步法

欧拉法和龙格-库塔法在计算 y_{n+1} 时只用到 y_n，属于单步法，其优点是存储量小，可以自启动。而多步法在计算 y_{n+1} 时，需要用到 y_n 及 y_{n-1}、y_{n-2} 等项。多步法不能从 $t=0$ 自启动，通常需要选用相同阶次精度的单步法来启动，获得所需的前 r 步数据后，方可转入相应的多步法。常见的多步法有如下几种。

（1）阿达姆斯（Adams）法，其二阶公式为

$$y_{k+1}=y_k+\frac{h}{2}(3f_k-f_{k-1})$$

$$y_{k+1}=y_k+hf_{k+1} \tag{3-18}$$

式中，$f_i=f(t_i,y_i)(i=k,k-1,\cdots)$ 为导函数各时刻值，也就是各时刻的切线斜率。

（2）吉尔（Gear）法：

$$y_{k+1}=\frac{1}{2}(-3y_k+6y_{k-1}-y_{k-2}+6hf_k) \tag{3-19}$$

多步法的特点是在每一个时刻，计算公式简洁，不需求取多个斜率，但无法自启动，需要借助其他方法启动，算式利用的信息量大，因而比单步法更精确。

2. 显式与隐式

Adams 法中，计算 y_{k+1} 时，公式有段各项数据均已知，此种类型的多步法称为显式。对于 Gear 法，如求解算法中包含 f_{k+1}，而 f_{k+1} 的计算又要用到 y_{k+1}，即求解 y_{k+1} 的算式中隐含着 y_{k+1} 本身，此种类型的算法称为隐式。

显式的优点是易于计算，利用前面几步计算结果即可进行递推求解下步结果。而隐式计算则需要迭代，直到达到精度要求。

隐式算法精度高，对误差有较强的抑制作用。尽管隐式计算过程复杂，计算速度慢，但基于对精度、数值稳定性等考虑，仍经常采用，如用于求解病态方程等问题。

3.4 燃气轮机建模及仿真实例

本节以 LM2500 分轴燃气轮机为例，介绍模型建模及仿真过程。图 3-2 为分轴燃气轮机物理模型示意图。

LM2500 分轴燃气轮机的压气机是一种压比为 16 级的单转子轴流式压气机，在该压气机中，被压缩空气基本上是沿着燃气轮机的旋转轴线相平行的方向流动的。该压气机主要由转子、静子、进气装置、防喘装置等部件组成。LM2500 分轴燃气轮机的燃烧室是一种环形燃烧室。该主要由涡流器、喷嘴、火焰筒外壁、火焰筒内壁、燃烧室内壳、燃烧室外壳等部件组成。该燃气轮机的高压涡轮是一种 2 级的单转子轴流式的涡轮，其主要由转子、导向器及中间机匣等部件组成。该燃气轮机的动力涡轮是一种 6 级的轴流式涡轮，此动力涡轮通过减速齿轮箱和后面的负载发电机连接在一起，并带动其旋转发电。

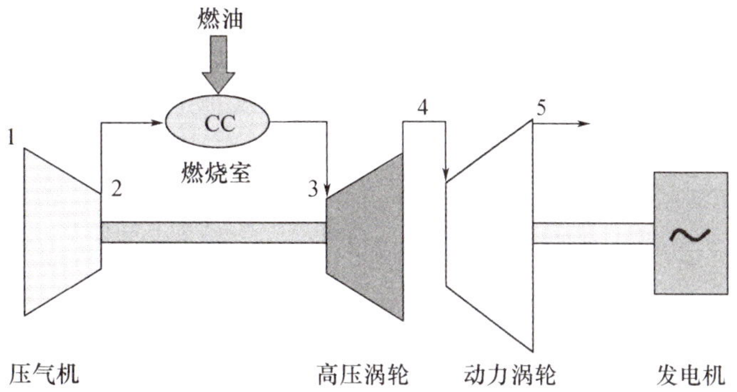

图 3-2　分轴燃气轮机物理模型示意图

燃气轮机分为进气道、压气机、燃烧室、涡轮、转子及排气道等模块，同时在建模过程中考虑了流动的不稳定性，在高压涡轮与动力涡轮之间添加了一个容积模块，用于建立各个部件的数学模型。

模型中有燃气发生器转子和动力涡轮转子，它们都是转动惯性环节。模型中有两处容积，第一处容积 V1 在压气机和高压涡轮之间，包括燃烧室的容积、压气机和高压涡轮之间的管道容积，有时也计入压气机通流部分的容积；第二处容积 V2 位于高压涡轮和动力涡轮之间，包括高压涡轮和动力涡轮之间的容积，有时也计入高压涡轮和动力涡轮的通流部分体积。燃气轮机的转子、机匣、燃烧室火焰筒和外壳具有热惯性，特别是当燃气轮机中设置有回热器、中冷器等热交换器时，它们的热惯性是很大的。但船用燃气轮机一般采用轻型简单循环，这些热惯性有些可以忽略（如转子、外壳等热惯性），有些本身并不存在（如热交换器热惯性）。

3.4.1　进气道数学模型

空气进入燃气轮机后，在进气道中流动的时间是比较短的，故可以认为该过程是一个绝热的流动过程，即在这个过程中不存在能量损失，空气的温度是不变的。由于燃气轮机进气道的尺寸是固定的，所以其在不同的工况下运行时需要的空气的流量存在较大的差异，因此在这个过程中空气的压力损失不能忽略。值得一提的是，舰船燃气轮机进气道总处于亚音速状态，因此可以采用进气道的总压恢复系数来表征：

$$p_1 = \sigma_{in} p_0 \tag{3-20}$$

$$T_1 = T_0 \tag{3-21}$$

式中，p_0 为外界大气总压（Pa）；p_1 为压气机进口压力（Pa）；σ_{in} 为进气道的总压恢复系数；T_0 为环境大气总温（K）；T_1 为压气机进口总温（K）。

由上述公式可以看出，恢复系数会影响燃气轮机的流量，进一步会影响燃气轮机的热效率、输出功率等性能参数。在本例中，取 $\sigma_{in}=0.98$。

3.4.2　压气机数学模型

压气机是燃气轮机重要的三大部件之一，它在运行过程中把外界环境中的空气吸入并且在压气机中对空气进行加压,供给燃烧室高压气体。空气在压气机的流动过程是一种逆压流动,因此压气机具有很高的非线性。空气在压气机中的流动过程十分复杂,故很难比较准确地直接对压气机特性进行数学描述,一般通过实验获得压气机的特性线。为了使上述实验所获得的特性线的参数是绝对参数,且使压气机特性线有更高的通用性,需绘制出压气机通用特性线,只要马赫数相等,就可以根据气体流动的相似准则计算特性。此时压气机的工作特性一般用压比 π_c、折合流量 $G_c\sqrt{T_1}/P_1$、折合转速 $n/\sqrt{T_1}$、效率 η_c 四个参数来表示。在燃气轮机的仿真过程中,一般都将转子的转速设置为状态变量,即转速是已知的。与此同时,在仿真过程中,压气机进出口的压力也是已知的,故压比也是已知的,因此就可以先利用压比和折合转速求出折合流量,再利用折合转速和折合流量求得压气机的效率,此时压气机的四个参数都为已知。

在建立压气机的数学模型时做如下假设:

(1)工质在压气机中流动时通过压气机外壳与外界环境进行的热量交换忽略不计;

(2)不考虑压气机内部的气体容积,即不考虑压气机的容积惯性;

(3)不考虑抽气冷却及压气机漏气的影响;

(4)忽略流体质量力及动量作用的影响。

由上述分析可知,压气机的通用特性曲线可以用下面的函数关系表示:

$$\frac{G_{in}\sqrt{T_{in}}}{p_{in}}=f_1\left(\frac{P_{out}}{P_{in}},\frac{n_c}{\sqrt{T_{in}}}\right) \tag{3-22}$$

$$\eta_c=f_2\left(\frac{P_{out}}{P_{in}},\frac{n_c}{\sqrt{T_{in}}}\right) \tag{3-23}$$

式中,P_{in} 为压气机进口压力(Pa);P_{out} 为压气机出口压力(Pa);T_{in} 为压气机进口温度(K);G_{in} 为压气机进口空气质量流量(kg/s);n_c 为压气机转速(r/min)。

压气机的连续方程:

$$G_{in}-G_{out}=0 \tag{3-24}$$

式中,G_{in} 为压气机进口空气质量流量(kg/s);G_{out} 为压气机出口空气质量流量(kg/s)。

压气机的温度方程:

$$T_{out}=T_{in}[1+(\pi_c^{m_a}-1)/\eta_c] \tag{3-25}$$

式中,T_{out} 为压气机出口空气温度(K);T_{in} 为压气机进口空气温度(K);π_c 为压气机压比;$m_a=\frac{k_a-1}{k_a}$,其中 $k_a=1.4$ 为空气的比热容比。

压气机的功率方程:

$$N_c=G_{in}C_{pa}T_{in}(\pi_c^{m_a}-1)/\eta_c \tag{3-26}$$

式中,N_c 为压气机消耗的功率(kW);C_{pa} 为空气比定压热容[kJ/(kg·K)]。

3.4.3 燃烧室数学模型

燃烧室是燃气轮机重要的三大部件之一,它是一个用来加热工质的装置,使来自压气机的高压气体在其中和喷嘴喷入的燃料进行掺混燃烧,从而获得高温、高压的燃气,此时的燃气具有很大的做功能力,推动涡轮做功。通常燃烧室工作性能的指标主要由以下几种表示：燃烧室效率 η_B、燃烧稳定性、出口温度场、总压恢复系数 σ_B 等。研究表明，当进行燃气轮机变工况计算时，燃烧室效率和总压恢复系数随工况的变化不大，因此在本例中假设 η_B 及 σ_B 是不变的。其他假设条件如下：

(1)对燃烧室通过壁面与外界环境进行的热量交换忽略不计；

(2)忽略燃烧室泄漏的影响；

(3)忽略燃烧过程中存在的不稳定性及流动过程的不稳定性；

(4)认为燃烧室是一个纯燃烧的能量累加模块。

则燃烧室的质量守恒方程为

$$G_g = G_c + G_f \tag{3-27}$$

燃烧室的能量守恒方程为

$$G_c h_2 + G_f h_f + G_f \eta_B \mathrm{LHV} = G_g h_3 \tag{3-28}$$

燃烧室出口压力为

$$P_3 = P_2 \sigma_B \tag{3-29}$$

式中，G_f 为燃料的质量流量(kg/s)；G_g 为燃气的质量流量(kg/s)；h_f 为燃料的焓值(kJ/kg)；LHV 为燃料低热值(kJ/kg)；h_3 为燃烧室出口燃气的焓值(kJ/kg)；P_3 为燃烧室出口压力(Pa)。

3.4.4　涡轮数学模型

涡轮是燃气轮机重要的三大部件之一，它将来自燃烧室的高温、高压燃气中的部分热能和压力能转换为机械功，燃气涡轮带动压气机工作，动力涡轮则用来带动负载。为了维持燃烧室着火点的稳定，燃烧室出口气体流速不高，燃气涡轮一般有 1~2 级，动力涡轮一般多于 5 级。与压气机类似，为了获得涡轮的动态仿真模型就必须掌握涡轮的动态特性。涡轮的工作特性可以用膨胀比 π_t、折合流量 $G_t\sqrt{T_3}/P_3$、折合转速 $n/\sqrt{T_3}$ 和热效率 η_t 四个参数来表示。一般在燃气轮机的仿真过程中，将转子的转速设置为状态变量，即转速是已知的。与此同时，在仿真过程中涡轮进出口的压力也是已知的，故涡轮的膨胀比也是已知的。因此就可以先利用涡轮膨胀比和折合转速求出折合流量，再利用折合转速和折合流量求得效率，此时涡轮的四个参数都为已知。

假设条件如下：

(1)忽略涡轮和外部环境的热量交换；

(2)忽略流体的质量和动量影响；

(3)将实际流动过程复杂的多元流动简化为一元流动；

(4)不考虑抽气冷却及涡轮漏气的影响。

由上述分析可知，涡轮的通用特性曲线可以用以下的函数关系表示：

$$\frac{G_{in}\sqrt{T_{in}}}{p_{in}} = f_3\left(\frac{P_{out}}{P_{in}}, \frac{n_t}{\sqrt{T_{in}}}\right) \tag{3-30}$$

$$\eta_t = f_4\left(\frac{P_{out}}{P_{in}}, \frac{n_t}{\sqrt{T_{in}}}\right) \tag{3-31}$$

式中，P_{in} 为涡轮进口压力(Pa)；P_{out} 为涡轮出口压力(Pa)；T_{in} 为涡轮进口温度(K)；G_{in} 为

涡轮内部燃气质量流量(kg/s);n_t 为涡轮转速(r/min)。

出口温度为

$$T_{out} = T_{in}[1 + (\pi_t^{m_g} - 1)\eta_t] \tag{3-32}$$

式中,T_{out} 为涡轮出口空气温度(K);T_{in} 为涡轮进口空气温度(K);π_t 为涡轮膨胀比;$m_g = \frac{k_g - 1}{k_g}$,其中 k_g 为燃气定熵指数。

透平功率为

$$N_t = G_{in} C_{pg} T_{in} (\pi_c^{m_g} - 1)\eta_T \tag{3-33}$$

式中,N_T 为涡轮做的膨胀功(kW);C_{pg} 为燃气比定压热容[kJ/(kg. K)]。

3.4.5 容积模块数学模型

由于燃气是可压缩气体,并且在高压涡轮和动力涡轮之间的流动连接段存在一定的容积,因此会使燃气在这段容积的进口和出口的燃气的流量产生一定的差异,并且流量产生的差异会导致燃气在该流动连接段的进口和出口压力产生一定的变化,这就是容积惯性。在建立燃气轮机的仿真模型的过程中,为了使建立燃气轮机动态仿真模型比较准确就不得不考虑燃气容积惯性对燃气轮机仿真的影响。值得一提的是,为了使计算方便,在考虑容积惯性的同时忽略了影响比较小的热量损失。在该流动连接段中,根据质量守恒方程得到的燃气的动态方程为

$$\frac{dp_{out}}{dt} = \frac{R_g T_{out}}{V}(G_{in} - G_{out}) \tag{3-34}$$

计算时一般都会忽略气体在容积环节中跟外界环境之间的传热,因此一般认为在容积环节前后燃气的总温不变,即

$$T_{in} = T_{out} \tag{3-35}$$

式中,P_{in}、P_{out} 分别为容积模块进口和出口压力(Pa);G_{in}、G_{out} 分别为容积模块的进口和出口质量流量(kg/s);T_{in}、T_{out} 分别为容积模块进口和出口温度(K);V 为容积模块的容积(m^3);R_g 为空气的气体常数[kJ/(kg·K)]。

3.4.6 转子数学模型

由于 LM2500 燃气轮机是分轴燃气轮机,因此其转子由高压涡轮转子和动力涡轮转子两部分组成。在建立燃气轮机的仿真模型过程中之所以要考虑转子的转动惯性,是因为其在燃气轮机的动态仿真过程中有很大的影响,并且一般情况下会忽略相对于转动惯性比较小的热惯性。转子的转动惯性是跟转速有关的函数,在过渡过程中,作用在转子上的不平衡功率会使转子加速或者减速。根据动力学定律可知,此时高压转子的运动方程为

$$\frac{dn_1}{dt} = \frac{30}{J_1\pi}(M_{ht} - M_c) = \frac{900}{J_1\pi^2 n_1}(N_{ht} - N_c) \tag{3-36}$$

式中,n_1 为高压转子的转速(r/min);J_1 为高压转子的转动惯量(kg·m^2);N_{ht} 为高压涡轮发出的功率(kW);N_c 为压气机消耗的功率(kW);M_{ht} 为高压涡轮发出的扭矩(N·m);M_c

为压气机消耗的扭矩(N·m)。

动力涡轮转子的运动方程为

$$\frac{\mathrm{d}n_2}{\mathrm{d}t}=\frac{30}{J_2\pi}(M_{LT}-M_L)=\frac{900}{J_2\pi^2 n_2}(N_{LT}-N_L) \tag{3-37}$$

式中,n_2 为动力涡轮转子的转速(r/min);J_2 为动力涡轮转子的转动惯量(kg·m^2);N_{LT} 为动力涡轮转子发出的功率(kW);N_L 为负载消耗的功率(kW);M_{LT} 为动力涡轮发出的扭矩;M_L 为负载消耗的扭矩(N·m)。基于式(3-36)和式(3-37)建立的转子模块适用于分轴燃气轮机。

3.4.7 排气道数学模型

排气道中存在的压力损失会影响动力涡轮的出口压力,从而影响动力涡轮的膨胀比,进而影响涡轮的效率等参数。由于燃气在排气道中流动的时间比较短,因此可以认为气体在排气道中的流动是一种没有能量损失的绝热流动,但导致了燃气的压力损失,即

$$P_5=P_0/\sigma_{out} \tag{3-38}$$

式中,σ_{out} 为排气管道总压恢复系数,本例取1.05。

3.4.8 模型验证

利用部件模型,按照模块化建模的方法,搭建分轴燃气轮机仿真程序。将LM2500燃气轮机的设计工况参数代入软件中,见表3-1,通过仿真计算,将仿真结果同设计参数进行比较,验证搭建模型的准确性。

表3-1 LM2500燃气轮机设计工况参数

参数	数值	单位
压比	18.4	—
燃气发生器转速	8 498	r/min
动力涡轮转速	3 600	r/min
压气机进气量	65	kg/s

将大气温度 T_0、大气压力 P_0 代入模型中,控制动力涡轮转子转速及动力涡轮输出功率不变,仿真结果见表3-2。

表3-2 LM2500燃气轮机设计工况计算

参数	单位	设计值	仿真值	偏差/%
大气温度	K	288	288	0
大气压力	Pa	101 320	101 320	0
压比	—	18.4	18.37	-0.163

表 3-2(续)

参数	单位	设计值	仿真值	偏差/%
燃气发生器转速	r/min	8 498	8 512.5	0.171
压气机进气量	kg/s	65	65.26	0.4

从表 3-2 中可以看出,仿真值与设计值的偏差小于 1%,因此搭建的燃气轮机仿真模型具有很高的精度,能比较准确地反映出燃气轮机的工作状态。

为验证所建立模型在非设计点工况下仿真的准确性,从设计点开始,仿真获得给定不同燃油流量下稳态时的各参数值。根据仿真结果对比了四个参数随功率变化的曲线,分别是压气机压比、压气机进口流量、燃气轮机热效率及燃气轮机出口温度。其对比结果分别如图 3-3 和图 3-4 所示。图 3-3 给出了压气机压比、压气机进口流量随功率变化与实际变化对比,由图可知,在所建立的燃机模型中,这两个参数与实际参数变化关系一致。图 3-4 给出了燃气轮机热效率、燃气轮机出口温度随功率的变化与实际变化对比,由图可知,随着功率下降误差增大,但是能够反映相应的变化趋势。因此,通过与实际变化对比可知,所建立的模型能够反映 LM2500 的特性。

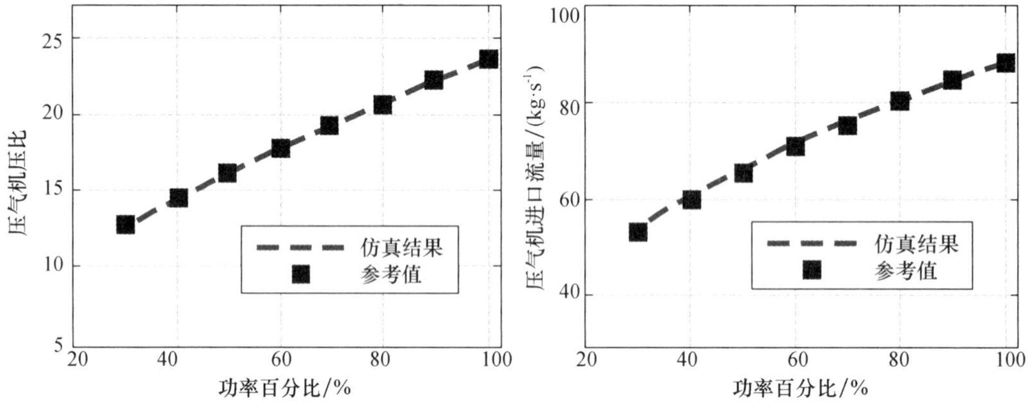

(a)压气机压比随功率变化曲线对比　(b)压气机进口流量随功率变化曲线对比

图 3-3　压气机压比、压气机进口流量随功率的变化与实际变化对比

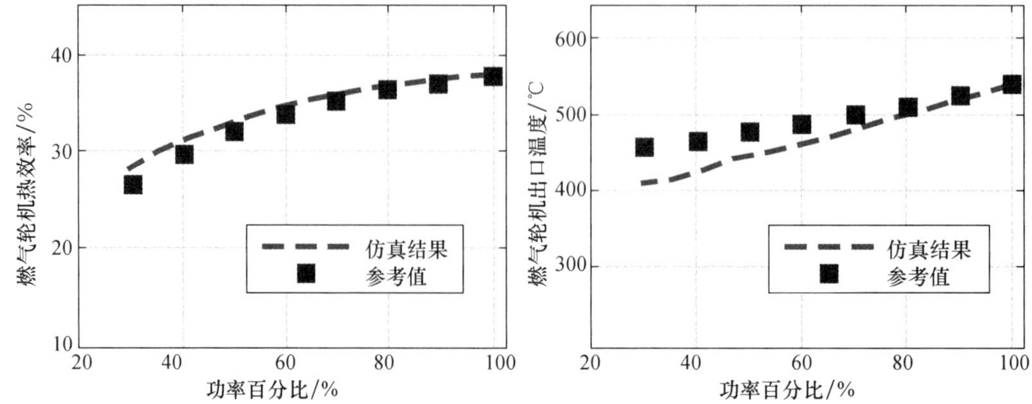

(a)燃气轮机热效率随功率变化曲线对比　(b)燃气轮机出口温度随功率变化曲线对比

图 3-4　燃气轮机热效率、燃气轮机出口温度随功率的变化与实际变化对比

第4章　Python基本操作

本章首先介绍 Python 集成管理软件 Anaconda 及两个常用开发环境 Spyder 和 PyCharm；其次详细讲解 Python 数据与结构的编程和操作方法；最后讲解文件操作。

4.1　Python 开发环境

使用 Python 集成开发环境(IDE)或者代码编辑器可以帮助开发者加快 Python 开发的速度，从而提高工作效率。其中，Anaconda 软件所包含的 Spyder 是非常好用的 Python 编辑器。

4.1.1　Anaconda 安装与配置

Anaconda 是一个开源的控制 Python 版本和包管理的软件，可用于大规模数据的处理、预测分析和科学计算，致力于简化包的管理和部署。Anaconda 使用软件包管理系统 Conda 进行包管理。Anaconda 预装了很多第三方库，相比于 Python 用 pip install 命令的安装方法来说，也比较方便。Anaconda 中增加了 conda install 命令来安装第三方库，而且使用方法跟 pip 一样。下面介绍 Anaconda 软件的安装方法。

进入 Anaconda 官方网站下载界面，找到匹配个人计算机的版本，单击“Download”按钮，将文件安装包下载到本地，如图 4-1 所示。官网提供了 Windows、macOS 和 Linux 三种系统对应的 Anaconda 安装包，并对每种系统都分别提供了与之相对应的 Python 版本。

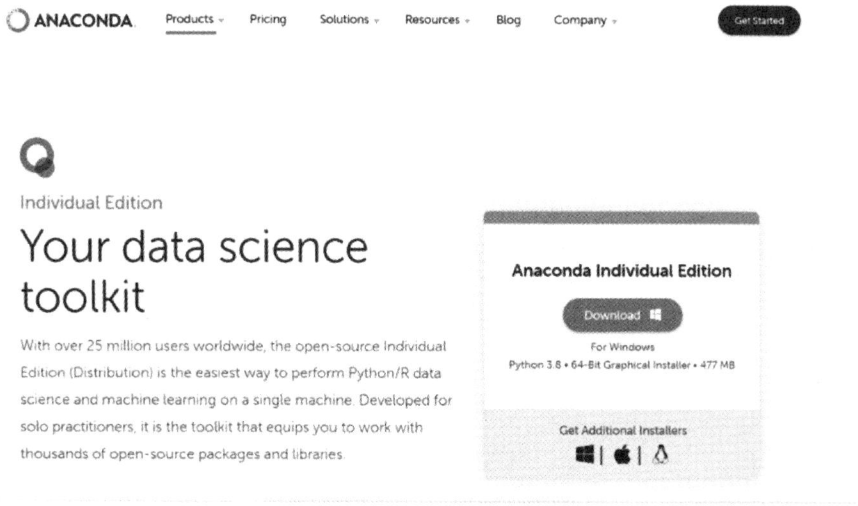

图 4-1　Anaconda 官网下载界面

下载好安装包后，安装过程按照提示或说明完成即可。值得注意的是，选择安装路径时，需要确保路径中不包含中文、空格或其他非英文常用字符，避免在后续使用中产生不必要的问题。

Windows 系统下的安装除需要选择安装路径之外，还有两个需要额外确认的地方，如图 4-2 所示。

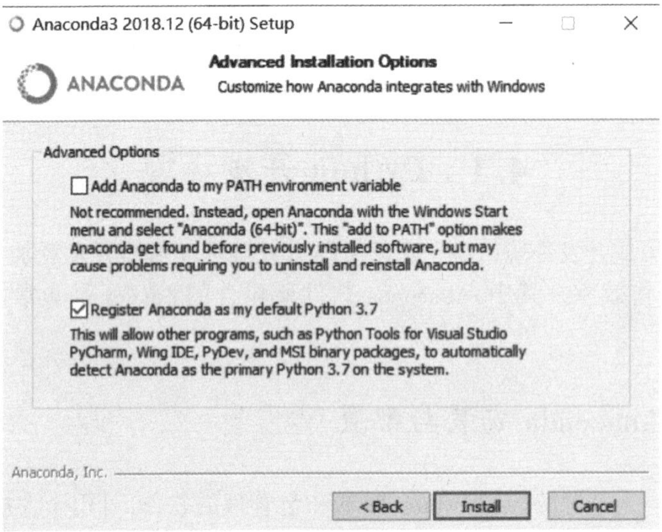

图 4-2　Windows 系统下 Anaconda 安装过程中需要确认的两个地方

（1）是否要将 Anaconda 添加到 PATH 环境变量中？

（2）是否要将下载的 Anaconda 中对应的 Python 版本设置为默认版本？

对于第一个问题，建议不要选中，即不添加。因为选中后可能会对其他软件产生干扰。对于第二个问题，可以根据自己平时使用 Python 版本的实际情况进行选择。

安装完成后，打开 CMD 窗口，输入 Conda 命令测试安装结果，结果如图 4-3 所示，即为安装成功。

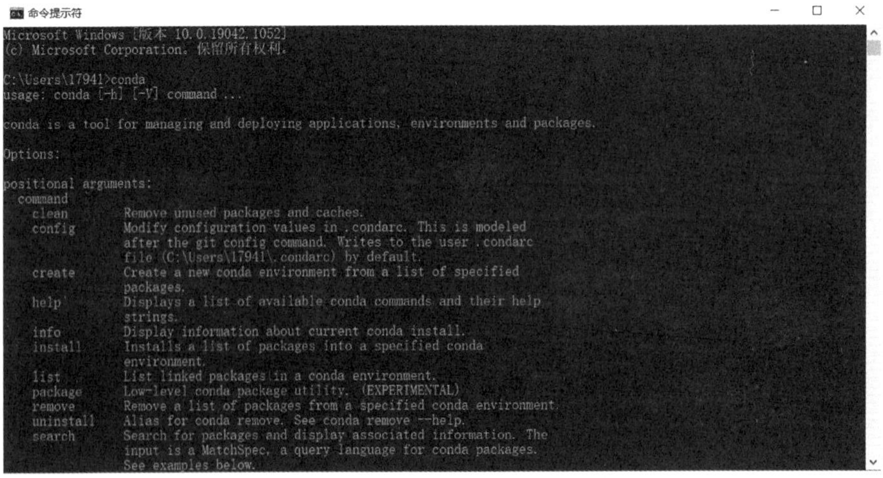

图 4-3　Windows 系统下 Anaconda 安装结果测试

成功安装 Anaconda 后会在【开始】菜单发现 Anaconda 的文件夹，用户可以选择打开 Anaconda Navigator，如图 4-4 所示。

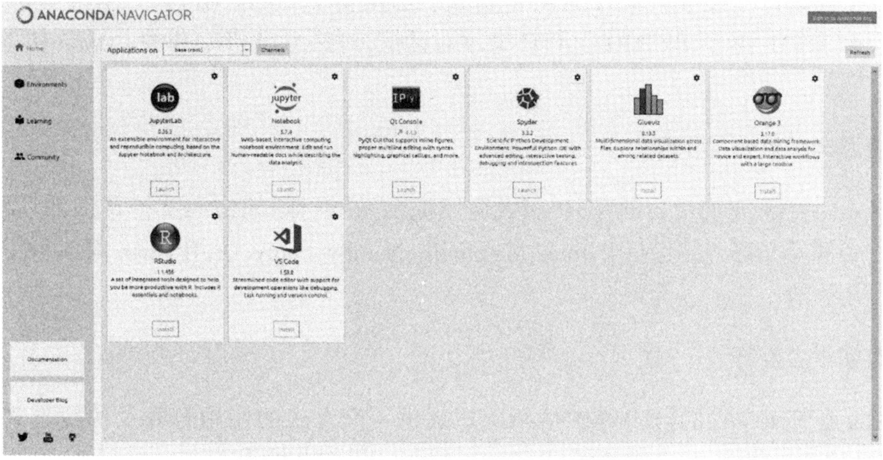

图 4-4　Anaconda Navigator 主页界面

单击图标进入，或者在终端输入相应的应用名称即可打开应用。Anaconda Navigator 主页界面包括的应用如下。

（1）Anaconda Cloud：管理公共或私有 Python、JupyterNotebook、Conda、环境和 Packages，可以方便分享和追踪。

（2）Anaconda Navigator：用于管理工具包和环境的图形用户界面（graphical user interface，GUI），后续涉及的众多管理命令也可以在 Anaconda Navigator 中手动实现。

（3）Anaconda Prompt：也称为终端，用于管理工具包和环境的命令行界面，可以便捷地操作 Conda 环境。

（4）Jupyter Notebook：基于 Web 的交互式计算环境，可以编辑易于人们阅读的文档，用于展示数据分析的过程。

（5）IPython：Python 的交互式 shell，比默认的 Python shell 好用得多，支持变量自动补全、自动缩进，支持 bash shell 命令，内置了许多有用的功能和函数。

（6）JupyterQtconsole：调用交互式命令台，在很大程度上像是一个终端，提供了许多只能在 GUI 中使用的增强功能，如内联图形、带语法高亮的正确多行编辑和图形化提示等，可以看作 IPython 的加强版。

（7）Spyder：一个使用 Python 语言、开放源代码的科学运算集成开发环境。Spyder 可以跨平台，也可以使用附加组件进行扩充，自带交互式工具，便于处理数据。

4.1.2　集成开发环境 Spyder

本书后续章节的编程工作基本在 Spyder 中完成。Spyder 是使用 Python 编程语言进行科学计算的 IDE。它综合了开发工具的高级编辑、分析、调试功能及数据探索、交互式执行、深度检查和科学包的可视化功能，为用户带来了很大的便利。Spyder 作为一个在 Python 用户中知名度很高的集成开发环境，有其独特之处。

1. 类 MATLAB 设计

Spyder 在设计上参考了 MATLAB,变量查看器模仿了 MATLAB 中“工作空间”的功能,并且有类似 MATLAB 的 PYTHONPATH 管理对话框,对熟悉 MATLAB 的 Python 初学者非常友好。

2. 资源丰富且查找便利

在 Spyder 中拥有变量自动完成、函数调用提示及随时随地访问文档帮助的功能,其能够访问的资源及文档链接包括 Python、Matplotlib、NumPy、Scipy、Qt、IPython 等多种工具及工具包的使用手册。

3. 对初学者友好

Spyder 在其菜单栏的【Help】中给新用户提供了交互式的使用教程及快捷方式的备忘单,能够帮助新用户快速、直观地了解 Spyder 的用户界面及使用方式。

4. 工具丰富,功能强大

Spyder 除拥有一般 IDE 普遍具有的编辑器、调试器和用户图形界面等组件之外,还拥有对象查看器、变量查看器、交互式命令窗口和历史命令窗口等组件。此外,其还具有数组编辑及个性定制等多种功能。

打开一个新建的 Spyder 文档,其界面如图 4-5 所示。

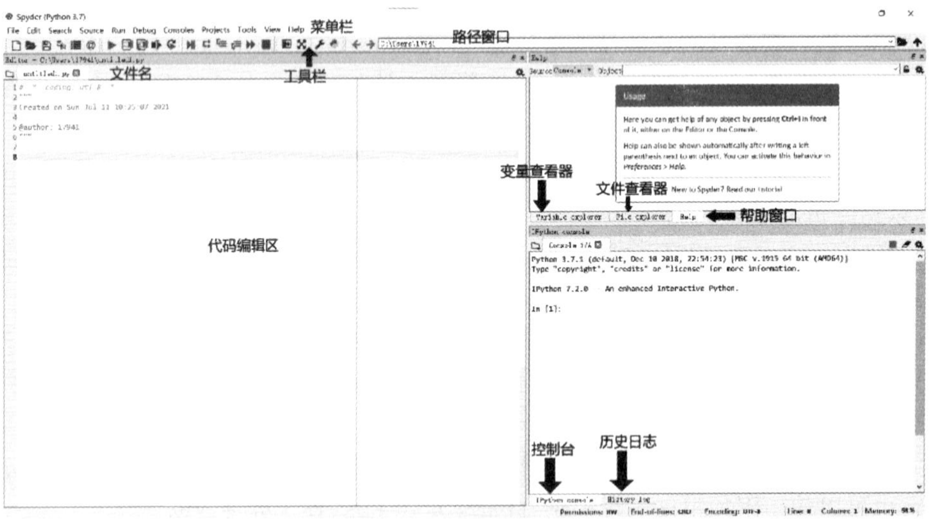

图 4-5 新建 Spyder 文档的界面

新建 Spyder 文档界面中包括以下内容。

(1)菜单栏:显示可用于操纵 Spyder 各项功能的不同选项。

(2)路径窗口:显示文件目前所处的路径,通过其下拉菜单和后面的两个图标可以很方便地进行文件路径的切换。

(3)工具栏:通过单击图标可快速执行 Spyder 中常用的操作,将鼠标悬停在某个图标上可以获取相应功能的说明。

(4)代码编辑区:编写代码的窗口,左边的行号区域显示代码所在行。

(5)变量查看器:类似 MATLAB 的工作空间,可以方便地查看变量。

(6)文件查看器:可以查看当前文件夹内的文件。

(7)帮助窗口:可以快速、便捷地查看帮助文档。

(8)控制台:类似 MATLAB 中的命令窗格,可以逐行交互。

(9)历史日志:按时间顺序记录输入 Spyder 控制台的命令。

由于 Spyder 强大的帮助组件中有非常详细的关于 Spyder、Python 及各种 Python 对象的使用指南,这里不再对 Spyder 的使用方法进行更加详细的说明。

4.1.3 集成开发环境 PyCharm

本书推荐的另一个 Python 集成开发环境是 PyCharm。它带有一整套可以帮助用户在使用 Python 语言开发时提高其效率的工具,比如调试、语法高亮、项目管理、代码跳转、智能提示、自动完成、单元测试、版本控制。此外,PyCharm 还提供了一些高级功能,用于支持 Django 框架下的专业 Web 开发。PyCharm 界面如图 4-6 所示。详细资料可以查阅 PyCharm 的官网:https://www.jetbrains.com/pycharm/。

图 4-6 PyCharm 界面

4.2 Python 数据与结构

学习一门语言,需要先了解该语言中的数据的存在形式,也就是常说的数据类型。每种语言的数据类型都类似,如 Python、Java、C#中都有数字类型、字符串类型。本节将介绍 Python 中的数据类型。

4.2.1 标准数据类型详解

Python 中的标准数据类型有以下 6 种。

· Number(数字):用来表示数据的一些数字。
· String(字符串):用来表示文本的一些字符。
· List(列表):用来表示一组有序的元素,后期还可以更改这些元素。
· Tuple(元组):用来表示一组有序的元素,后期不可以更改这些元素。
· Sets(集合):用来表示一组无序且不重复的元素。
· Dictionary(字典):用键值对的形式保存一组元素。

这些数据类型的分类如下。

(1)按照存储方式,可分为原子类型(数字、字符串)和容器类型(列表、集合、元组、字典)。

(2)按照访问方式,可分为直接访问(数字)、顺序访问(字符串、列表、集合、元组)和映射访问(字典)。

注意:在 Python 中,一切皆为对象。对象就是保存在内存中的一个数据块,我们有时候也会说创建一个数字对象、字符串对象。

1. 变量

变量对应着内存中的一块存储位置。简单地说,变量是计算机存储于内存中其值可改变的量。这里的“可改变”是指其值在程序运行期间可改变。

在 Python 程序中,不需要声明变量,但变量必须赋值后才可以被使用。

```
int x;
x=200;
```

在 Python 中,可以输入:

```
x=200
```

等号“=”用来为变量赋值,变量本身没有类型,为其赋值 200,我们会说这是一个整型变量,这里的“类型”是变量所指的内存中对象的类型。

Python 可以同时为多个变量赋值。例如,下面这 3 个整型变量的值都是 200。

【示例 4-1】

```
x=y=z=200
```

Python 也可以同时赋值为不同的类型。例如,在下面定义的变量中,x 和 y 为整型,z 为字符串。

【示例 4-2】

```
x, y, z=1,2," hello world"
```

变量命名要注意:

(1)变量的首字符必须是字母或者下画线“_”。

(2)其他部分由字母、数字和下画线组成。

(3)变量区分大小写。

变量的命名不能取 Python 中的保留字,如 if、else、print 都是保留字。在解释器中可以输入以下命令查看保留字。

【示例 4-3】

```
import keyword
X=keyword.kwlist
```

其中,import 用来引入 Python 标准库中的 keyword 模块,输出:

```
X=['False', 'None', 'True', '__peg_parser__', 'and', 'as', 'assert', 'async', 'await',
'break', 'class', 'continue', 'def', 'del', 'elif', 'else', 'except', 'finally', 'for', 'from',
'global', 'if', 'import', 'in', 'is', 'lambda', 'nonlocal', 'not', 'or', 'pass', 'raise',
'return', 'try', 'while', 'with', 'yield']
```

2. 数字

Python 支持的数字类型有 int(整型)、float(浮点型)、bool(布尔型)和 complex(复数型),接下来分别介绍这些数字类型。

(1)整型

整型用来表示一些数字,如 1、-10、060、0x29。整型不区分长短和符号,Python 3 中的 int 可以存储比 64 位更大的整数。每次安装软件的时候,我们常在 32 位和 64 位之间做选择,这个位数就是处理数据的能力。Python 中的整数可以无限扩展,它取决于可用内存的大小,并不受 32/64 位的限制。

使用整型有两种方式:一种是直接赋值为数字;另一种是使用 int 函数将其他类型转换为整型。举例如下:

【示例 4-4】

```
num1=100                    #直接赋值
str1='200'
num2=int(str1)              #int()函数转换类型
```

要赋值多个整型,也可以这样写:

【示例 4-5】

```
num1=num2=num3=100
```

思考:这 3 个变量的数据存储在内存中占 3 个数据的位置还是占 1 个数据的位置?

我们使用 id 函数打印变量在内存中的位置,结果如下所示。可以看出,3 个变量指向内存中同一个位置。

【示例 4-6】

```
num1=num2=num3=100
print(id(num1))
print(id(num2))
print(id(num3))
```

输出：

```
140715732811696
140715732811696
140715732811696
```

注意：如果将 num1、num2、num3 分别赋值，且赋值相同，其所占内存地址也将相同。

(2)浮点型

浮点型就是带小数点的类型，如 13.30、-18.23、30e-16。浮点型有三种使用方式：直接赋值、强制转换、两个整型相除。

【示例 4-7】直接赋值。

```
num1=15.0
```

【示例 4-8】使用 float 函数强制转换。

```
num2=float(15)
```

【示例 4-9】两个整型相除。

```
num3=15/3
print(num1)
```

上述代码输出的结果都是 5.0。如果计算结果要输出整型，则需要使用"//"。例如以下代码的输出结果为 5。

【示例 4-10】

```
num1=15//3
print(num1)
```

(3)布尔型

布尔型即 True 或 False。在 Python 中，True 的值是 1，False 的值是 0，可以和数字相加，因此可以把它放在数字这个分类中。使用布尔型的方法有很多，简单地介绍以下几种。

【示例 4-11】直接用一个关键字 True 或 False 赋值。

```
T=True
F=False
print(T,F)
```

输出为 True False。

【示例 4-12】将其用于数值运算。

```
T=True
print(T+10)
```

输出为 11。

【示例 4-13】使用 bool 函数。

```
F=bool(0)
print(F)
```

输出为 False。

【示例 4-14】表达式的运算结果也可能是布尔型。

```
print(1>2)
```

输出为 False。

布尔型的运算符有 and、or、not(必须小写),见表 4-1。

表 4-1 布尔型的运算符

运算符	结果
x or y	x 和 y 只要有一个值为 True,结果就为 True
x and y	x 和 y 只要有一个值为 False,结果就为 False
not x	取 x 的相反值

下面演示布尔运算的操作。

【示例 4-15】

```
T=True
F=False
print(T or F)                 #输出为 True
print(T and F)                #输出为 False
print(not T)                  #输出为 False
```

注意:Python 3 中 if(True)的效率比 if(1)的效率低。

Python 常用的表达式一般是加、减、乘、除(先乘除后加减),布尔运算的优先级低于表达式,同为布尔类型时,优先级为 or<and<not。

【示例 4-16】

```
a,b,c,d=23,18,10,3
print(a+b>c or c<d)             #输出为 True
print(not c<d and a<b)          #输出为 False
```

(4)复数型

在 Python 中,复数 complex 是一个比较复杂的类型。从概念上来说,复数是一个实数和虚数的组合。实数就是我们常说的 1、100、23. 23 等,虚数是一个虚拟的数,数学家称之为 j,广泛用于科学计算中。在 Python 中可用 j 或 J 表示这个虚数,比如 10. 2j、3. 14j、2e-12j 都是复数。关于复数有以下几个注意事项。

①虚数部分不能单独存在,必须和实数部分一起构成一个复数。

②实数部分和虚数部分都是浮点数。

③虚数部分必须有后缀 j 或 J。

复数的定义一般有两种形式。第一种形式为直接赋值。

【示例 4-17】

```
com1=15.0j
print(type(com1))
```

输出为<class 'complex'>。这里的 type 函数用来输出 com1 变量的类型。

第二种形式为使用 complex 函数,它有两个参数,可以都不输入。

【示例 4-18】

```
com1=15.2j
print(complex(1))                #输出为(1+0j)
print(complex('3+5j'))           #输出为(3+5j)
print(complex(3,2))              #输出为(3+2j)
print(complex())                 #输出为 0j
print(com1)                      #输出为 15.2j
```

(5)Python 的数值运算符

Python 的数值运算符见表 4-2。

表 4-2　Python 的数值运算符

运算符	含义
+	加:两个对象相加,或一元加
-	减:两个对象相减,或得到复数
*	乘:两个操作数相乘,或返回一个被重复若干次的字符串
/	除:两个操作数相除(总是浮点数)
%	取模:返回除法(/)的余数
//	取整除:返回商的整数部分
**	幂:返回 x 的 y 次幂,相当于 pow()
abs(x)	返回 x 的绝对值
int(x)	返回 x 的整数值
float(x)	返回 x 的浮点数
complex(re,im)	定义复数,re 为实数,im 为虚数
c.conjugate()	返回复数的共轭复数
divmod(x,y)	相当于(x//y,x%y)
pow(x,y)	返回 x 的 y 次方

在 Spyder 开发环境中,一组数值运算的示例如下。

【示例 4-19】

```
>>> x=5
>>> y=2
>>> x/y
2.5
>>>x%y
1
>>> x//y
2
>>> x**y
25
>>> abs(-x)
5
>>> int(3/2)
1
>>>divmod(x,y)
(2, 1)
>>> pow(y,x)
32
```

3. 字符串

字符串(String)是字符的序列,基本上就是一组单词。创建字符串用一对单引号(' ')或一对双引号(" ")引起来。单引号:可以指示字符串,如'我喜欢 Python'。所有的空白,即空格和制表符都照原样保留。双引号("):双引号与单引号中的字符串在使用上完全相同,如"What's your name?"。三引号(''' 或"""):利用三引号可以指示一个多行的字符串,可以在三引号中自由地使用单引号和双引号。

字符串是 Python 中最常用的数据类型。创建字符串比较简单,只要为变量分配一个值并用引号引起来。举例如下。

【示例 4-20】

```
a='Hello World! '
b=" 我喜欢 Python"
```

注意:如果是特别长的字符串,换行时单引号和双引号需要加"\"符号。

【示例 4-21】

```
str1='Hello\
world! '
str2=" I'm fine,\
and you?"
```

特别长的字符串也可以使用三引号，例如：

【示例 4-22】

```
str3 = '''This
is
world'''
```

字符串的常见操作包括转义、截取、运算等。

(1)字符串的转义

字符串的转义即字符本身并不是它原来字面的意思。字符串的转义符号都是以\开头的。常见的转义符号见表 4-3。

表 4-3 常见的转义符号

字符	说明
\(用在字符串的行尾)	表示下一行与当前行是同一行
\\	\符号本身
\'	单引号
\"	双引号
\n	换行
\v	纵向制表符
\t	横向制表符
\r	回车
\f	换页
\a	响铃，电脑会发出“叮”的一声
\b	退格(Backspace 键)
\0nn	八进制数 nn 代表字符，如\012 代表换行
\xnn	十六进制数 nn 代表字符，如\x0A 代表换行

如果想按“原样”输出字符串，即不需要转义符来处理字符串，则称该字符串为自然字符串。输出自然字符串可以通过给字符串加上前缀 r 或 R 来指定。

【示例 4-23】

```
print('c:\some\name')
```

输出：

```
c:\some
ame
```

这是因为“\n”被机器识别成了换行符，正确的做法是应在字符串前添加“r”。

```
print(r'c:\some\name')
```

输出：

```
c:\some\name
```

(2)字符串的截取

字符串一旦被创建就不能被修改，它是一个整体，可以根据字符串的索引读出或者取出字符串的一部分。Python 中的字符串有两种索引方式：第一种是从左往右，从 0 开始依次增加；第二种是从右往左，从-1 开始依次减少。字符串"Python"的各字符索引如图 4-7 所示。

0	1	2	3	4	5
P	y	t	h	o	n
-6	-5	-4	-3	-2	-1

图 4-7　字符串"Python"的各字符索引

字符串"Python"中的"y"的索引号是 1 或者-5。在 Python 语言中，索引号从 0 开始，而不是从 1 开始。例如，我们要提取变量 s="Python"中的"y"，可以使用切片的方式。切片(也叫分片)就是从给定的字符串中分离出部分内容，在 Python 中用冒号分隔两个索引来表示，形式如下。

```
变量名[start : end]
```

截取的范围是左闭右开，即不包含 end。

【示例 4-24】

```
str1='Hello World! '
str2=" I'm fine,and you?"
print(" str1 原文:",str1)
print(" str2 原文:",str2)
print(" 1. str1[1]:",str1[1])                #取索引 1 的字符
print(" 2. str1[2:5]:",str1[2:5])            #取索引 2 到 5 但不包含 5 的字符
print(" 3. str1[-2:1]:",str1[-2:1])          #不输出任何字符,-2 表示从倒数第 2 位选择
print(" 4. str1[5:5]:",str1[5:5])            #不输入任何字符,第一个参数值必须小于第
                                             #2 个参数
print(" 1. str2[0]:",str2[0])                #取第 1 个字符
print(" 2. str2[:5]:",str2[:5])              #第 1 个参数为空,表示从头开始截取到 5 但不
                                             #包含 5 的字符
print(" 3. str2[6:]:",str2[6:])              #第 2 个参数为空,表示截取到字符串的最后
print(" 4. str2[-2:]:",str2[-2:])            #表示从倒数第 2 个开始截取,一直到字符串
                                             #最后
print(" 5. str2[:-2]:",str2[:-2])            #表示从头开始截取,一直到倒数第 2 位
```

输出：

```
str1 原文：Hello World!
str2 原文：I'm fine,and you?
1. str1[1]：e
2. str1[2:5]：llo
3. str1[-2:1]：
4. str1[5:5]：
1. str2[0]：I
2. str2[:5]：I'm f
3. str2[6:]：ne,and you?
4. str2[-2:]：u?
5. str2[:-2]：I'm fine,andyo
```

(3)字符串的运算

字符串可以进行运算，也可以通过"+"运算将字符串连接在一起，或用"*"运算符重复。

【示例 4-25】

```
print('str'+'ing','my'*3)
```

输出：

```
string mymymy
```

常见的字符串运算符见表 4-4。有的字符串还需要一些加工处理，如首字母大写、除去字符串前后空格等，这些操作可以用字符串函数进行处理。字符串函数及其说明见表 4-5。

表 4-4 常见的字符串运算符

操作符	说明	实例(a="Hello",b="Python")
+	字符串连接	a+b 输出:HelloPython
*	重复输出字符串	a*2 输出:HelloHello
[ ]	通过索引获取字符串中的字符	a[1]输出:e
[:]	截取字符串中的一部分，遵循左闭右开原则，str[0,2]是不包含第三个字符的	a[1:4]输出:ell
in	成员运算符——如果字符串中包含给定的字符返回 True	'H' in a 输出:True
not in	成员运算符——如果字符串中不包含给定的字符返回 True	'M' not in a 输出:True
r/R	原始字符串——自然字符串，所有的字符串都直接按照字面的意思来使用，未转义	print(r'\n') print(R'\n')
%	格式字符串	print('请输出%s'%a) 输出:请输出 Hello

表 4-5 字符串函数及其说明

函数名	说明
str. capitalize( )	首字母大写
str. casefold( )	将字符串 str 中的大写字符转换为小写
str. lower( )	同 str. casefold( ),只能转换英文字母
str. upper( )	将字符串 str 中的小写字符转换为大写
str. count(sub[,start[,end]])	返回字符串 str 的子字符串 sub 出现的次数
str. encode(encoding = " utf-8" ,errors = " strict")	返回字符串 str 经过 encoding 编码后的字节码,errors 指定遇到编码错误时的处理方法
str. find(sub[,start[,end]])	返回字符串 str 的子字符串 sub 第一次出现的位置
str. format(* args, * * kwargs)	格式化字符串
str. join(iterable)	用 str 连接可迭代对象 iterable 返回连接后的结果
str. strip(chars)	去除 str 字符串两端的 chars 字符(默认去除" \n" \t" " "),返回操作后的字符串
str. lstrip(chars)	同 strip,去除字符串最左边的字符
str. rstrip(chars)	同 strip,去除字符串最右边的字符
str. replace(old,new[,count])	将字符串 str 的子字符串 old 替换成新串 new,并返回操作后的字符串
str. split(sep = None,maxsplit = -1)	将字符串 str 按 sep 分隔符分割 maxsplit 次,并返回分割后的字符串的数组

【示例 4-26】字符串操作函数示例。

```
In [1]: s=" Hello World!"
In [2]: c=s.capitalize()                #首字母大写
In [3]: c
Out[3]: 'Hello world! '

In [4]: id(s),id(c)                     #id()函数,查询变量的存储地址
Out[4]: (2286080861296, 2286081138736)

In [5]: s.casefold()                    #转化为小写
Out[5]: 'hello world! '
In [6]: s.lower()                       #转化为小写
Out[6]: 'hello world! '
In [7]: s.upper()                       #转化为大写
Out[7]: 'HELLO WORLD! '
```

```
In [8]: s=" 1111112222asasas565asas"
In [9]: s.count(" as" )                          #返回 as 出现的次数
Out[9]: 5

In [10]: s.encode(encoding=" gbk" )              #返回字符串经编码后的字节码
Out[10]: b'1111112222asasas565asas'

In [11]: s.find(" as" )                          #返回字符串 as 第一次出现的位置
Out[11]: 10

In [12]: it=[" Join" ," the" ," str" ," !" ]

In [13]: it
Out[13]: ['Join', 'the', 'str', '! ']

In [14]: " " .join(it)                           #连接可迭代对象 it,返回连接后的结果
Out[14]: 'Join the str ! '

In [15]: '\n\t aaa \n\t aaa \n\t'.strip()        #去除两端 chars 字符
Out[15]: 'aaa \n\t aaa'

In [16]: '\n\t aaa \n\t aaa \n\t'.lstrip()       #去除左端 chars 字符
Out[16]: 'aaa \n\t aaa \n\t'

In [17]: 'xx 你好 '.replace('xx',' 小明 ')         #替换字符串“xx”为“小明”
Out[17]: ' 小明你好 '

In [18]: '1,2,3,4,5,6,7'.split(',')              #将字符串分割 7 次
Out[18]: ['1', '2', '3', '4', '5', '6', '7']
```

(4)字符串的格式化符号

在日常开发中,使用 print 函数经常会用到字符串的格式化符号,如果要输出一个字符串,就用%s;如果输出一个整数,就用%d。常见的格式化符号见表 4-6。

表 4-6 常见的格式化符号

格式化符号	说明
%c	格式化字符及 ASCII 码
%s	格式化字符串
%d	格式化整数

表 4-6(续)

格式化符号	说明
%u	格式化无符号整型
%o	格式化无符号八进制数
%x	格式化无符号十六进制数
%X	格式化无符号十六进制数(大写)
%f	格式化浮点数字,可指定小数点后精度
%e	用科学计数法格式化浮点数
%E	作用同%e,用科学计数法格式化浮点数
%p	用十六进制数格式化变量的地址
%%	字符%

可以把格式化字符串想象成带有几个填空项的模板。比如:

```
的数据成绩是
```

第一个填空项是人名(字符串),第二个填空项是分数(整数),在代码中为

```
%s 的数据成绩是%d
```

输出后的内容和模板一模一样,只将空的内容填上即可。下面在代码中输入填空项。

```
print('%s 的数据成绩是%d'%('小明',88))          #小明的数据成绩是 88
```

在模板和具体内容之间有一个%,表示这是一个格式化操作。具体填写的内容用括号封闭起来,多个参数之间用逗号间隔。如果只有一个参数,可以省略括号。

格式化符号前可以添加以下几类符号。

①-,左对齐标志,默认为右对齐。

②+,表示应该包含数字的正负号。

③表示用 0 填充。

【示例 4-27】

```
print('%5s 的数据成绩是%03d'%('小明',88))
print('%-5s 的数据成绩是%03d'%('小明',88))
print('今天的温度是%+3d'%+30)
print('今天的温度是%3d'%+30)
```

输出:

```
   小明的数据成绩是 088
小明    的数据成绩是 088
今天的温度是+30
今天的温度是 30
```

在第一行输出中,%5s 表示字符串长度为 5,但参数为 2 位,因此在前面补充了三个空格进行输出(默认空格填充);%03d 表示长度为 3 的整数,长度不够时前面用 0 填充,输出为 088。默认情况下,数值的+号不输出,但如果使用+这个符号,则正负号都会输出。

除了各种符号外,Python 也提供一种格式化函数 format。它通过“{}”和“:”代替传统%操作。format 函数的特色是可以接受无限个参数,而且位置可以不按模板的顺序,这和我们前面所说填空的例子略有不同。

【示例 4-28】

```
print('{}的数据成绩是{}'.format('小明',88))
print('{0}、{1}的数据成绩是{2}'.format('小明','小红',88))
print('{0}的数据成绩是{2},{1}的数据成绩是{2}'.format('小明','小红',88))
```

输出:

```
小明的数据成绩是 88
小明、小红的数据成绩是 88
小明的数据成绩是 88,小红的数据成绩是 88
```

这里用“{}”表示模板中每个填空的位置,如果不按固定的顺序,就可以按{0}指定顺序,如第三行代码的{2}使用了两次,也就是第三个参数被调用两次。

(5)数据类型的转换

不同类型的数据往往可以进行转换,只不过在转换过程中,需要借助一些函数。Python 中常用的数据类型转换函数及其描述见表 4-7。

表 4-7　常用的类型转换函数

函数	说明
int(x[,base])	用于将一个字符串或数字转换为整型
float(x)	用于将整数和字符串转换成浮点数
complex(real[,imag])	用于创建一个值为 real+imag * j 的复数或者转换一个字符串或数为复数。如果第一个参数为字符串,则不需要指定第二个参数
str(x)	将对象 x 转换为适于人阅读的字符串
repr(x)	将对象 x 转换为供解释器读取的字符串
eval(str)	用来执行一个字符串表达式,并返回表达式的值
chr(x)	返回整数 x 对应的 ASCII 字符
ord(x)	返回字符 x 对应的 ASCII 数值
bin(x)	返回整数 x 的二进制表示
oct(x)	返回整数 x 的八进制表示
hex(x)	返回整数 x 的十六进制表示

【示例 4-29】

```
In[1]: x=100              #定义整型变量

In[2]: s='zzuli'          #定义字符串变量

In[3]: str(x)             #把整数转化为字符串
Out[3]: '100'

In[4]: oct(x)             #把十进制数转换为八进制数
Out[4]: '0o144'

In[5]: float(x)           #把整数转换为浮点数
Out[5]: 100.0

In[6]: chr(65)            #返回 ASCII 值对应的字符
Out[6]: 'A'

In[7]: ord('A')           #返回字符对应的 ASCII 值
Out[7]: 65

In[8]: repr(s)            #将对象 s 转换为供解释器读取的字符串
Out[8]: " 'zzuli'"

In[9]: eval(" 2*3" )      #用来执行一个字符串表达式,并返回表达式的值
Out[9]: 6
```

4.2.2 列表、元组、字典、集合

1. 列表

列表(list)表示一组有序的元素,比如每个学生有学号、姓名、性别这 3 个属性,我们就可以把这 3 个属性放在一个列表中。Python 中的列表类似其他语言的数组,细节上有所不同,但存储概念类似。

(1)定义列表

列表中的元素可以是任意的数据类型,也可以多种数据类型混合使用。下面给 1 个学生列表添加年龄属性。

```
stu1=['10001','小明','男',20]
```

列表也可以初定义为空,即空列表,然后使用列表的 append 函数向其追加元素,该函数只能包括 1 个参数。

```
stu1=[]
stu1.append('小明')
```

以上列表均为一维列表,即只存在行或列。但也有二维列表的存在,列表的元素同样为列表。下面使用[[],[],[]]这种方式,创建 3 条学生信息。

```
stu1=[['10001','小明','男',20],['10002','小红','女',21],['10003','小王','男',
19]]
```

也可以表示为

```
stu1=[['10001','小明','男',20],
['10002','小红','女',21],
['10003','小王','男',19]]
```

要访问第 2 个学生的年龄,可以使用 sty1[1][3],第 1 个[]表示访问第几行,第 2 个[]表示访问第几列,也就是使用 stu1[row][col]来访问二维列表中的元素。

列表还可以使用快速定义的方式:

```
stu1=[0]*width
```

其中,0 是默认的内容,width 是个数,比如定义 4 个元素的列表:

```
stu1=[0]*4
```

【示例 4-30】创建学生列表,然后快速赋值。

```
stu1=[0]*4
print('学生:',stu1)
stu1[0]='10001'
stu1[1]='小明'
stu1[2]='男'
stu1[3]='20'
print('学生:',stu1)
```

输出:

```
学生:[0, 0, 0, 0]
学生:['10001', '小明', '男', '20']
```

那么,二维列表是否也可以这样快速定义呢?下面先快速定义一个 3 行 4 列的列表,然后给第 1 行第 1 列赋值“10001”:

【示例 4-31】

输入:

```
stu1=[[0]*3]*4
stu1[0][0]='10001'
print('学生:',stu1)
```

输出:

```
学生:[['10001', 0, 0], ['10001', 0, 0], ['10001', 0, 0], ['10001', 0, 0]]
```

[[]]是一个含有一个空列表元素的列表,[[]]*4 表示 4 个指向这个空列表元素的引用,所以修改任何一个元素都会改变整个列表。那么如何快速定义二维列表呢?

【示例 4-32】

输入:

```
stu1=[([0]*3) for i in range(4)]
stu1[0][0]='10001'
print('学生:',stu1)
```

输出:

```
学生:[['10001', 0, 0], [0, 0, 0], [0, 0, 0], [0, 0, 0]]
```

这是我们需要的结果,for 语句会在后文进行详细介绍。

(2)访问列表

使用列表时,经常需要访问其中的某一个元素,Python 中直接用索引访问,索引从 0 开始,复数表示从倒数的位置开始。

【示例 4-33】

```
stu1=['10001','小明','男',20]
print('学生学号:%s,学生年龄:%d'%(stu1[0],stu1[-1]))
```

输出:

```
学生学号:10001,学生年龄:20
```

如果要访问部分元素,可以使用[start: end],即从 start 位置开始访问,一直到 end 位置之前,例如[1:3]就是访问第 2 个元素到第 4 个元素之前,也就是第 2 和第 3 个元素。

【示例 4-34】

```
stu1=['10001','小明','男',20]
print('学生:',stu1[1:3])
```

输出:

```
学生:['小明','男']
```

(3)列表常用的内置函数

Python 为列表提供了一系列函数,如追加、插入、排序、移除等。列表常用的内置函数见表 4-8。

表 4-8 列表常用的内置函数

名称	说明
list. append()	追加
list. count(x)	计算列表中参数 x 出现的次数
list. extend(L)	向列表中追加另一个列表 L
list. index(x)	获得参数 x 在列表中的位置
list. insert(x,y)	向列表中的 x 位置插入数据 y
list. pop([index])	删除列表中 index 位置的元素(通过下标删除)
list. remove(x)	删除列表中的指定元素 x(直接删除)
list. reverse()	将列表中元素的顺序颠倒
list. sort()	将列表中的元素进行排序
list. copy()	返回列表的副本

【示例 4-35】

```
In [1]: stu1=['10001','小明','男',20]
   ...:
   ...: stu2=['10002','小红','女',21]

In [2]: stu1.append('上海')                    #追加城市

In [3]: stu1
Out[3]: ['10001', '小明', '男', 20, '上海']

In [4]: stu1.extend(stu2)                      #追加一个列表

In [5]: stu1
Out[5]: ['10001', '小明', '男', 20, '上海', '10002', '小红', '女', 21]

In [6]: stu1.count('上海')                     #上海在列表中出现的次数
Out[6]: 1

In [7]: stu1.index('小红')                     #获取小红的位置
Out[7]: 6
```

```
In [8]: stu1.insert(0,'学生信息:')              #插入开头

In [9]: stu1
Out[9]: ['学生信息:', '10001', '小明', '男', 20, '上海', '10002', '小红', '女',
21]

In [10]: stu1.pop(0)                           #移除开头
Out[10]: '学生信息:'

In [11]: stu1
Out[11]: ['10001', '小明', '男', 20, '上海', '10002', '小红', '女', 21]

In [12]: stu1.remove('上海')                   #移除上海

In [13]: stu1
Out[13]: ['10001', '小明', '男', 20, '10002', '小红', '女', 21]

In [14]: stu1.reverse()                        #反转

In [15]: stu1
Out[15]: [21, '女', '小红', '10002', 20, '男', '小明', '10001']

In [16]: stu1.sort()                           #排序整型和字符串型不能比较大小,会报错
Traceback (most recent call last):

  File "<ipython-input-17-fd1410b86ce3>", line 1, in <module>
    stu1.sort()

TypeError: '<' not supported between instances of 'str' and 'int'

In [17]: stu2=stu1.copy()                      #复制,stu1 和 stu2 存储地址不同

In [18]: stu2
Out[18]: [21, '女', '小红', '10002', 20, '男', '小明', '10001']

In [19]: stu2.clear()                          #清除 stu2 不会影响 stu1

In [20]: stu2
Out[20]: []
```

```
In [21]: stu1
Out[21]: [21, '女', '小红', '10002', 20, '男', '小明', '10001']

In [22]: stu3=stu1                    #赋值,存储地址相同

In [23]: stu3.clear()                 #清除 stu3 会影响 stu1

In [24]: stu3
Out[24]: []

In [25]: stu1
Out[26]: []
```

说明:

①使用 pop 移除元素时,指定的索引可以为空,也可以为正数或负数。当指定的索引为空时,移除列表最后的元素;当指定的索引为负数时,从倒数位置移除指定的元素。

②追加一个列表时,追加的内容并不会与原列表组成二维列表,而是在原列表中追加一些元素,因此获取的位置出现的是 6,而不是 stu1[ ][ ]这种形式。

③使用 sort 函数时出现错误,因为列表中元素的类型不限定,本例中包含字符串和数字,运行错误。

(4)列表排序

在 Python 中,排序使用 sort 函数,语法如下:

```
sort(key=None,reverse=False)
```

如果列表中的元素是统一的单一数据类型,可直接使用 sort(),默认升序。例如:

【示例 4-36】

```
stu1=['10001','小明','男']
stu1.sort()                  #对字符型进行排序
print('学生:',stu1)
scor1=[80,20,50,60]
scor1.sort()                 #对整型进行排序
print('成绩:',scor1)
```

输出:

```
学生: ['10001', '小明', '男']
成绩: [20, 50, 60, 80]
```

当使用降序时,应将 sort 函数中的 reverse 函数设置为 True。

【示例 4-37】

```
stu1=['10001','小明','男']
```

```
stu1. sort( reverse=True)
print('学生:',stu1)
scor1=[80,20,50,60]
scor1. sort( reverse=True)
print('成绩:',scor1)
```

输出:

```
学生:['男','小明','10001']
成绩:[80, 60, 50, 20]
```

如果要排序,但并不修改原来的内存位置,需用到副本排序。

【示例 4-38】

```
scor1=[80,20,60,50]
scor2=scor1[:]                       #利用切片[:]方式进行赋值,两者存储位置不同
scor2. sort()                        #scor2 排序不影响 scor1
print('成绩 1',scor1)
print('成绩 2',scor2)
print('位置:',id(scor1),id(scor2))
```

输出:

```
成绩 1 [80, 20, 60, 50]
成绩 2 [20, 50, 60, 80]
位置:2255769138248 2255764222984
```

sort 函数中有一个 key 函数,用于定义排序过程中调用的函数。key 是带一个参数的函数,用于为每个元素提取比较值,默认为 None,即直接比较每个元素。比如要通过列表中元素的长度进行排序:

【示例 4-39】

```
stu1=['10001','小明','男']
stu1. sort(key=len)
print('学生:',stu1)                  #输出为学生:['男','小明','10001']
```

key 指定的函数只能有一个输入参数,也只能有一个返回值,可以使用 Python 自带的函数,比如上述代码的 len,也可以自定义函数。

(5)删除列表

使用 del 函数可以删除列表。del 函数的用法与 pop 类似,也是指删除指定索引的位置,并可以使用切片的方法进行删除。

【示例 4-40】

```
stu1=['10001','小明','男',20]
```

```
del stu1[0]
del stu1[-1]
print('学生:',stu1)              #输出为学生:['小明','男']
```

注意:如果 stu1 不指定删除位置,直接使用 del stu1 会删除整个列表,此时若再访问 stu1,则会显示该变量未定义。

(6)获取列表中的数据信息

Python 提供了几个函数用于操作列表,如获取列表的个数、最大值、最小值等,如下所示。

①len(list):返回列表元素的个数。

②max(list):返回列表中元素的最大值。

③min(list):返回列表中元素的最小值。

【示例 4-41】定义一个成绩列表,选出成绩中的最大值和最小值。

```
scor1=[80,20,50,100]
print('%d 个成绩 '%len(scor1))
print('成绩最高:',max(scor1))
print('成绩最低:',min(scor1))
```

输出:

```
4 个成绩
成绩最高:100
成绩最低:20
```

(7)列表常用运算符

数字有+、-、*、/等运算符,字符串有+、-、[ ]、[:]等运算符,列表常用运算符,见表 4-9。

表 4-9　列表常用运算符

名称	说明
+	运算符两侧的列表组合在一起
*	根据右侧数字重复运算符左侧的列表
in	判断运算符左侧的元素是否属于右侧的列表

【示例 4-42】列表运算符的操作如下:

```
stu1=['10001','小明']
stu2=['男',20]
print('stu1+stu2:',stu1+stu2)
```

```
print('stu1 * 2:',stu1 * 2)
print('10001 in stu1:','10001' in stu1)
```

输出：

```
stu1+stu2: ['10001', '小明', '男', 20]
stu1 * 2: ['10001', '小明', '10001', '小明']
10001 in stu1: True
```

2. 元组

元组是一组有序的元素，各种使用方法与列表类似，只是元组中的元素一旦定义，就不能再更改。其具体介绍如下。

(1)使用元组

元组的定义使用括号，例如：

【示例 4-43】

```
stu1 = ('10001', '小明','男')
```

注意：也可以使用 stu1 = ( )的形式定义元组，但由于元组内元素不可改变，因此无意义。

元组还有一种更为简单的定义方式。在 Python 中，默认用逗号间隔的一组元素自动会定义为元组，如下示例所示：

【示例 4-44】

```
stu1 ='10001','小明','男'
```

在解释器中输入 stu1 并用 type 验证，显示类型为 Tuple 类型。

【示例 4-45】

```
>>> stu1 ='10001','小明','男'
>>> print(type(stu1))
<class 'tuple'>
```

(2)访问元组

访问元祖也是使用[ ]索引的方式，0、正数、负数都可以，也支持[:]这种切片方式。

【示例 4-46】

```
stu1 = ('10001','小明','男',20)
print('学生学号:%s,学生年龄:%d'%(stu1[0],stu1[-1]))
print('学生:',stu1[1:3])
```

输出：

```
学生学号:10001,学生年龄:20
学生: ('小明', '男')
```

注意:如果 stu1 是一个列表,用[:]切片形式输出时就显示['小明','男'];如果 stu1 是一个元组,用切片形式输出时就显示('小明','男'),需要注意区分。

(3)元组中常用的内置函数

因为元组不可修改,所以列表中的追加、插入、移除等函数,元组中都没有。常用的元组函数如下:

①count():查找指定元素在元组中出现的次数。

②index():查找指定元素第一次在元组出现的索引值。

【示例 4-47】

```
stu1=('10001','小明',20,20)
print('20 出现的次数',stu1.count(20))                #2
print('20 出现的位置',stu1.index(20))                #2,返回第一次出现的位置
```

index 函数除了可以在整个元组中查找,还可以在指定开始位置和结束位置之间的元素块中查找,比如在 stu1 的最后 3 个元素中查找。

```
print('',stu1.index(20,2,4))              #2
```

注意:不管是在最后 3 个元素中查找,还是在所有元素中查找,index 函数返回的位置都是该元素在整个元组中的位置。

(4)删除元组

元组中没有 clear 清空函数,也不能使用 del 函数指定要删除的索引位置,只能直接使用 del 函数。

```
del stu1
```

【示例 4-48】

```
In [1]: stu1=('10001','小明',20,20)

In [2]: del stu1

In [3]: print(stu1)
Traceback (most recent call last):
  File "<ipython-input-3-b7fffc91c628>", line 1, in <module>
    print(stu1)
NameError: name 'stu1' is not defined
```

删除元组后,如果再次访问该元组,系统会给出"is not defined"的未定义错误。

(5)获取元组中的最大值和最小值

可以使用 min、max 函数获取元组中的最大值和最小值。

【示例 4-49】

```
scor1=(80,20,50,100)
```

```
print('%d 个成绩 '%len(scor1))
print(' 成绩最高:',max(scor1))
print(' 成绩最低:',min(scor1))
```

输出:

```
4 个成绩
成绩最高: 100
成绩最低: 20
```

(6)元组常用运算符

元组的运算符和列表的运算符基本一致,常用的也是+、*、in。

①+:生成一个新元组。

②*:重复几次。

③in:判断是否包含指定的元素。

【示例 4-50】

```
stu1='10001', 小明 '
stu2=' 男 ',20
print('stu1+stu2:',stu1+stu2)
print('stu1 * 2:',stu1 * 2)
print('10001 in stu1:','10001' in stu1)
```

输出:

```
stu1+stu2: ('10001', ' 小明 ', ' 男 ', 20)
stu1 * 2: ('10001', ' 小明 ', '10001', ' 小明 ')
10001 in stu1: True
```

(7)元组、列表和字符串的相互转换

在 Python 中,字符串也是一种序列类型,它与元组、列表之间可以相互转换。

【示例 4-51】字符串转换为列表和元组。

```
strings=" hello world!"                    #字符串类型
print(list(strings))                       #list()函数将其转换为列表类型
print(tuple(strings))                      #tuple()函数将其转换为元组类型
```

输出:

```
['h', 'e', 'l', 'l', 'o', ' ', 'w', 'o', 'r', 'l', 'd', '!']
('h', 'e', 'l', 'l', 'o', ' ', 'w', 'o', 'r', 'l', 'd', '!')
```

以上程序使用 list()函数和 tuple()函数把字符串转换成了列表和元组。

【示例 4-52】列表与元组相互转换。

```
T1=("张三","李四","王五")                    #元组类型
L1=['Adam','Lisa','Bart']                    #列表类型
print(list(T1))
print(tuple(L1))
```

输出:

```
['张三','李四','王五']
('Adam', 'Lisa', 'Bart')
```

以上程序使用 list()函数把元组 T1 转换成了列表;使用 tuple()函数把列表 L1 转换成了元组。

【示例 4-53】列表和元组转换为字符串。

```
T1=("张三","李四","王五")
L1=['Adam','Lisa','Bart']
print(''.join(T1))
print(''.join(L1))
```

输出:

```
张三李四王五
AdamLisaBart
```

以上程序把元组 T1 和列表 L1 转换成字符串。

3. 字典

字典的概念来自英文 Dictionary 的翻译,意思是一对 key-value 的组合值,通常称为键-值对。接下来将介绍 Python 中的字典。

(1)使用字典

在 Python 中,使用{ }定义字典,字典中的键-值对用冒号间隔。

【示例 4-54】

```
stu1={'学号':'10001','姓名':'小明','性别':'男','年龄':20}
```

在字典中,键是不可以改变的(数字、字符串、元组),但值是可以改变的,比如将上述字典中的年龄修改为 30,可以这样写:

```
stu1['年龄']=30
```

注意:字典中的值可以是任意类型,因为键是不可以改变的,所以不能是列表等可变类型。

在字典中,键是唯一的,虽然定义字典时允许输入两个相同的键,但实际上后一个键的

值会覆盖前一个键的值,比如以下代码定义了重复的“姓名”键。

```
stu1={'学号':'10001','姓名':'小明','姓名':'小红','年龄':20}
```

stu1['姓名']输出的结果会是'小红'。

上面我们演示的键都是字符串,其实键还可以是数字或者元组,比如下面定义了一组数字键。

```
day={1:'星期一',2:'星期二',3:'星期三'}
print(day[1])
```

字典也可以使用混合类型的键,比如下面既有数字键又有字符串的键。

```
day={1:'星期一',2:'星期二',3:'星期三','四':'星期四'}
print(day['四'])
```

(2)访问字典

访问序列中的元素基本都用[],字典也不例外。因为元素是键-值对,所以[]中还需要指定要访问的键。比如 stu1['姓名']就是访问“姓名”键所对应的值。

注意:访问列表或元组时,可以使用 stu1[索引]的方式,该方式对字典并不适用,比如使用索引[0]并不会访问第一个元素,而是访问键为 0 的元素。

【示例 4-55】

```
day={1:'星期一',2:'星期二',3:30,'四':'星期四'}
print(day['四'])                #输出为星期四
print(day[2])                   #输出为星期二
```

(3)字典常用的内置函数

字典常用的内置函数见表 4-10。

表 4-10　字典常用的内置函数

名称	说明
dict.copy()	返回一个字典的深拷贝
dict.fromkeys(seq[,value])	创建一个字典,以序列 seq 中的元素为字典的键,value 为字典所有键对应的初始值,如果省略,值就为 None
dict.get(key,default=None)	返回指定键的值,如果值不在字典中,返回 default 默认值
dict.items()	以列表形式返回可遍历的(键,值)
dict.keys()	以列表形式返回一个字典所有的键
dict.setdefault(key,default=None)	和 get()函数类似,但如果键不在字典中,就会添加键并将值设为 default
dict.update(dict2)	把指定字典的键/值对更新到当前字典中
dict.values()	以列表形式返回字典中的所有值

一旦定义一个变量,其在内存中占据的位置一般不可变,都是通过一个引用指向该变量。如果复制某个变量,也只是增加一个引用,具体位置不变,这种情况称为浅拷贝;如果增加引用的同时具体位置也发生了变化,这种情况称为深拷贝。

【示例 4-56】

```
In [1]: dict1={'姓名':'小明','年龄':20}

In [2]: print('所有键:',dict1.keys())
所有键:dict_keys(['姓名', '年龄'])

In [3]: print('所有值',dict1.values())
所有值 dict_values(['小明', 20])

In [4]: print('所有的键-值:',dict1.items())
所有的键-值:dict_items([('姓名', '小明'), ('年龄', 20)])

In [5]: dict2=dict1

In [6]: dict3=dict1.copy()

In [7]: print('浅拷贝和深拷贝',id(dict1),id(dict2),id(dict3))
浅拷贝和深拷贝 2624655407504 2624655407504 2624655521256

In [8]: score1=(1,2,3,4)

In [9]: dict4=dict1.fromkeys(score1)

In [10]: print('通过元组创建字典:',dict4)
通过元组创建字典: {1: None, 2: None, 3: None, 4: None}

In [11]: print('get 年龄:',dict1.get('年龄'))
get 年龄: 20

In [12]: dict1.setdefault('年龄',30)
Out[12]: 20

In [13]: print('setdefault 年龄:',dict1)
setdefault 年龄: {'姓名': '小明', '年龄': 20}

In [14]: dict5={'成绩':'优良'}
```

```
In [15]: dict1.update(dict5)

In [16]: print('update 成绩:',dict1)
update 成绩:{'姓名':'小明','年龄':20,'成绩':'优良'}
```

需要特别说明的是,如果是通过"="赋值的方式创建一个新的字典,使用的就是浅拷贝,也就是说,并不分配一块内存保存新字典。如果是通过 copy 函数创建一个新字典,那么这种方式就是深拷贝方式,通过 id(dict)输出的内存地址信息就可以判断。get 和 setdefault 都可以获取指定键的值,如果指定的键并不存在,get 就返回默认值 None,而 setdefault 就会将指定的键添加到字典中。update 函数是将指定的字典更新到当前字典中,如果指定的字典中并不包含值,也就是只有键的情况,如{'张三','上海'}这种形式,代码并不报错,而是自动分割键,给当前字典增加键值对,如增加后是{'张':'三','上':'海'}这种形式。因此,在使用 update 函数时要仔细检查。

(4)删除字典

删除字典的方法有很多种,有的只能删除字典元素,有的可以删除字典,具体说明如下。

①clear():清空字典中的所有键-值对。

②pop(key):删除指定键的键-值对,有返回值,返回值为被删除的值。

③popitem():删除最后一项键-值对,有返回值,返回值为被删除的键-值对。

④del:删除字典元素或字典,如果删除的是字典,再访问字典时会报错。

首先介绍 clear,清空字典后,如果再访问字典,不会报错,返回{}:

【示例 4-57】

```
dict1={'姓名':'小明','年龄':20}
dict1.clear()
print(dict1)
```

输出为{}。

pop 函数在使用时有两个步骤:一是在字典中删除键-值对;二是返回被删除的值。因为有返回值,所以可以定义一个变量接收该值,例如:

【示例 4-58】

```
dict1={'姓名':'小明','年龄':20}
str1=dict1.pop('姓名')
print(str1)                #输出为小明
print(dict1)               #输出为{'年龄':20}
```

popitem 函数没有参数,默认是删除最后一项键-值对(返回元组),例如:

【示例 4-59】

```
dict1={'姓名':'小明','年龄':20}
```

```
tup1=dict1.popitem()
print(tup1)                #输出为('年龄',20)
print(dict1)               #输出为{'姓名':'小明'}
```

如果 del 指定键,则删除的效果和 popitem 没有区别,但并不返回被删除的值;如果 del 不指定键,则会删除整个字典。

【示例 4-60】

```
dict1={'姓名':'小明','年龄':20}
del dict1['姓名']
print(dict1)                        #输出为{'年龄':20}
del dict1
print(dict1)                        #已删除,报错
```

(5)字典常用运算符

字典没有+、*运算符,只有 in 运算符。in 运算符用于判断指定的键是否在字典中,或者使用 not in 判断指定的键是否不在字典中。

【示例 4-61】

```
dict1={'姓名':'小明','年龄':20}
if '姓名' in dict1:
    print(dict1['姓名'])
if'性别' not in dict1:
    dict1.setdefault('性别','男')
print(dict1)
```

输出:

```
小明
{'姓名':'小明','年龄':20,'性别':'男'}
```

4. 集合

Python 中的集合与数学中的集合概念类似,也是用于保存不重复的元素。它有可变集合 set 和不可变集合 frozenset 两种。其中,本节要介绍的 set 集合是无序可变的,而另一种 frozenset 集合在本书中不做介绍。在形式上,集合的所有元素都被放在一对大括号“{}”中,两个相邻元素间使用逗号分隔。集合最好的应用就是去重,因为集合中的每个元素都是唯一的。

最常用的集合操作是创建集合、添加和删除集合中的元素,以及对集合进行交集、并集和差集等运算。下面分别进行介绍。

(1)创建集合

Python 提供了两种创建集合的方法:一种是直接使用“{}”创建集合;另一种是通过

set( )函数将列表、元组等可迭代对象转换为集合。下面分别进行介绍。

在 Python 中,创建 set 集合也可以像列表、元组和字典一样,直接将集合赋值给变量,以实现集合的创建,即直接使用大括号"{}" 创建集合。其语法格式如下:

```
setname={element1, element2, element3,…,elementn}
```

其中,setname 表示集合的名称,可以是任何符合 Python 命名规则的标识符;element1, element2, element3, …, elementn 表示集合中的元素,个数没有限制,并且只要是 Python 支持的数据类型就可以。

注意:在创建集合时,如果输入了重复的元素,Python 会自动只保留一个元素。例如,下列每行代码都可以创建一个集合。

```
set1={'水瓶座','射手座','双鱼座','双子座'}
set2={3, 1, 4, 1, 5, 9, 2, 6}
set3 ={'Python', 28,('人生苦短','我用 Python')}
```

上述代码将创建以下集合:

```
{'水瓶座','双子座','双鱼座','射手座'}
{1, 2, 3, 4, 5, 6, 9}
{'Python',('人生苦短','我用 Python'),28}
```

【示例 4-62】创建保存学生选课信息的集合。

```
python={'小王','小李','小吴','小赵'}                #保存选择 Python 语言的学生名字
c={'小李','小可','小赵','小华'}                     #保存选择 C 语言的学生名字
print('选择 Python 语言的学生有:',python, '\n')    #输出选择 Python 语言的学生名字
print('选择 C 语言的学生有:',c)                     #输出选择 C 语言的学生名字
```

运行上述代码,将显示如下所示的结果:

```
选择 Python 语言的学生有:{'小王','小吴','小赵','小李'}
选择 C 语言的学生有:{'小华','小可','小赵','小李'}
```

在 Python 中,也可以使用 set( )函数将列表、元组等其他可迭代对象转换为集合。set( )函数的语法格式如下:

```
setname = set(iteration)
```

其中,setname 表示集合的名称,iteration 表示要转换为集合的可迭代对象,可以是列表、元组、range 对象等,也可以是字符串。如果是字符串,返回的集合将是包含全部不重复字符的集合。例如,下列每行代码都可以创建一个集合。

```
set1 =set("命运给予我们的不是失望之酒,而是机会之杯。")
set2 = set([1.414, 1.732, 3.14159, 2.236])
```

```
set3=set(('人生苦短','我用 Python'))
```

上述代码将创建以下集合：

```
{'。','予','是','的','机','酒','给','命','不','我','而','失','杯','会
','们','望','运',',','之'}
{1.414, 2.236, 3.14159, 1.732}
{'人生苦短','我用 Python'}
```

从上述创建的集合结果可以看出，在创建集合时，如果出现了重复元素，那么将只保留一个元素，例如在第一个集合中的“是”“之”都只保留了一个。

注意：在创建空集合时，只能使用 set()函数实现，而不能使用一对大括号“{}”实现，这是因为在 Python 中，直接使用一对大括号“{}”表示创建一个空字典。

(2)添加和删除集合中的元素

集合是可变序列，因此在创建集合后，还可以向其添加元素，或者从中删除元素。下面分别进行介绍。

当向集合中添加元素时，可以使用 add()方法。其语法格式如下：

```
setname.add(element)
```

其中，setname 表示要添加元素的集合，element 表示要添加的元素内容。这里只能使用字符串、数字及布尔类型的 True 或者 False 等，不能使用列表、元组等可迭代对象。

使用 del 语句可以删除整个集合，也可以使用集合的 pop()方法或者 remove()方法删除一个元素，还可以使用集合对象的 clear()方法清空集合，即删除集合中的全部元素，使其变为空集合。

(3)集合的交集、并集和差集运算

在 Python 中，可以对集合进行交集、并集、差集和对称差集运算。进行交集运算时使用“&”符号；进行并集运算时使用“|”符号；进行差集运算时使用“-”符号；进行对称差集运算时使用“^”符号。下面通过一个具体的例子演示如何对集合进行交集、并集和差集运算。

【示例 4-63】对选课集合进行交集、并集和差集运算。

```
python = set(['小玉','小鱼','香瓜','寒暄'])   # 保存选择 Python 语言的学生名字
c=set(['小鱼','零度','寒暄','哈哈'])          # 保存选择 C 语言的学生名字
print('选择 Python 语言的学生有:',python)     # 输出选择 Python 语言的学生名字
print('选择 C 语言的学生有:',c)               # 输出选择 C 语言的学生名字
print('交集运算:',python & c)   # 输出既选择了 Python 语言又选择了 C 语言的学生
                                # 名字
print('并集运算:',python|c)                   # ! 输出参与选课的全部学生名字
print('差集运算:',python-c)     # 输出选择了 Python 语言但没有选择 C 语言的学生
                                #名字
```

在上述代码中：为了获取既选择了 Python 语言又选择了 C 语言的学生名字，对两个集合进行了交集运算；为了获取参与选课的全部学生名字，对两个集合进行了并集运算；为了

获取选择了 Python 语言但没有选择 C 语言的学生名字,对两个集合进行了差集运算。运行上述代码,将显示如下所示的结果。

```
选择 Python 语言的学生有:{'小玉','香瓜','小鱼','寒暄'}
选择 C 语言的学生有:{'零度','哈哈','寒暄','小鱼'}
交集运算:{'寒暄','小鱼'}
并集运算:{'零度','香瓜','小鱼','寒暄','哈哈','小玉'}
差集运算:{'小玉','香瓜'}
```

4.2.3　数据类型的转换与操作

不同类型的数据往往可以进行转换,只不过在转换过程中,需要借助一些函数。Python 中常用的数据类型转换函数及其描述见表 4-11。

表 4-11　Python 中常用的数据类型转换函数及其描述

函数	说明
int(x[,base])	用于将一个字符串或数字转换为整型
float(x)	用于将整数和字符串转换成浮点数
complex(real[,imag])	用于创建一个值为 real+imag * j 的复数或者转换一个字符串或数为复数。如果第一个参数为字符串,则不需要指定第二个参数
str(x)	将对象 x 转换为适于阅读的字符串
repr(x)	将对象 x 转换为供解释器读取的字符串
eval(str)	用来执行一个字符串表达式,并返回表达式的值
chr(x)	返回整数 x 对应的 ASCII 字符
ord(x)	返回字符 x 对应的 ASCII 数值
bin(x)	返回整数 x 的二进制表示
oct(x)	返回整数 x 的八进制表示
hex(x)	返回整数 x 的十六进制表示

【示例 4-64】

```
In [1]: x=100                    #定义整型变量

In [2]: s='zzuli'                #定义字符串变量

In [3]: str(x)                   #把整数转化为字符串
Out[3]: '100'
```

```
In [4]: oct(x)              #把十进制数转换为八进制数
Out[4]: '0o144'

In [5]: float(x)            #把整数转换为浮点数
Out[5]: 100.0

In [6]: chr(65)             #返回 ASCII 值对应的字符
Out[6]: 'A'

In [7]: ord('A')            #返回字符对应的 ASCII 值
Out[7]: 65

In [8]: repr(s)             #将对象 s 转换为供解释器读取的字符串
Out[8]: " 'zzuli'"

In [9]: eval("2*3")         #用来执行一个字符串表达式,并返回表达式的值
Out[9]: 6
```

【示例 4-65】模拟超市的抹零结账。

假设某超市因为找零麻烦,特设抹零行为。现编写一段 Python 代码,实现超市这种抹零的结账行为。在 IDLE 中创建一个名称为 erase_zero.py 的文件,在该文件中,首先将各个商品金额累加起来,计算出商品总金额,并将其转换为字符串进行输出;然后应用 int()函数将浮点型的变量转换为整型,以实现抹零处理,并将其转换为字符串输出。该程序关键代码如下:

```
money_all = 56.7 + 72.9 + 88.5 + 26.6 + 68.8          # 累加总计金额
money_all_str = str(money_all)                         # 转换为字符串
print("商品总金额为:" + money_all_str)
money_real = int(money_all)                            # 进行抹零处理
money_real_str = str(money_real)                       # 转换为字符串
print("实收金额为:" + money_real_str)
```

执行结果如下:

```
商品总金额为:313.5
实收金额为:313
```

4.3 文 件 操 作

文件是计算机中数字、数据和信息的集合,是一种存储数据的单位,也是在磁盘驱动器上存储数据的重要形式。这些数据以字节的方式存储,可以是一份报告、一张图片或一个

执行程序,因而包括数据文件、程序文件或可执行文件等格式。使用文件存储数据是数据加工、处理和存储中非常重要的一环。

每个文件都必须有文件名,文件名分为“主文件名”与“拓展名”,中间以句点“.”分隔,“拓展名”的功能在于记录文件的类型,例如“.cpp”表示的是C++的源代码程序文件,“.py”表示的是Python语言的源代码程序文件。通过这样的命名方式可以让我们清楚地分辨出文件名及其文件类型,如下所示:

```
主文档名.拓展名
```

文件如果按照存储方式来分类,可以分为文本文件与二进制文件两种。

文本文件是以字符编码的方式进行存储的,Windows操作系统的记事本程序,默认是以ASCII编码存储文本文件,每个字符占1字节。例如,在文本文件中存入一个10位的整数,由于是以字符按序存入的,因此总共需要10个字节来存储这个整数。

二进制文件是以二进制格式进行存储的文件,也就是将内存中的数据原封不动地保存到文件中,这种存储方式适用于非字符为主的数据。如果用记事本打开这类文件,我们只会看到一堆代码。

其实,除了以字符为主的文本文件外,所有的数据都可以说是二进制文件,例如编译过后的程序文件、图像或视频文件等。二进制文件最大的优点在于访问速度快、占用空间小及可随机存取,在数据库应用上比文本文件更加适合。

另外,需要说明“绝对路径”和“相对路径”的差异。简单地说,“绝对路径”指的是一个绝对的位置,不会随着当前目录的改变而改变,例如:

```
C:\Windows\system\
```

“相对路径”是相对于当前目录的路径表示法,因此“相对路径”所指向的文件或目录会随着当前目录的不同而改变。通常我们用“.”代表当前目录,而用“..”代表上级目录。当程序执行完毕之后,所有存储在内的数据都会消失,如果要将执行的结果存储在硬盘等非挥发性的存储介质上,就必须将执行的结果以文件形式存储在硬盘等存储设备中。

4.3.1 文件打开与关闭

在Python中,想要操作文件,需要先创建或者打开指定的文件,然后创建文件对象。这可以通过内置的open()函数实现。open()函数的基本语法格式如下:

```
file = open(filename[,mode[, buffering]])
```

参数说明如下:

(1)file:被创建的文件对象。

(2)filename:要创建或打开的文件的名称,需要使用单引号或双引号括起来。如果要打开的文件和当前文件在同一个目录下,那么直接写文件名即可,否则需要指定完整路径。例如,要打开当前路径下名称为status.txt的文件,可以直接使用“status.txt”。

(3)mode:可选参数,用于指定文件的打开模式,默认的打开模式为只读,见表4-12。

表 4-12　mode 的参数值及其说明

参数值	说明	注意
r	以只读模式打开文件,文件的指针将会放在文件的开头	文件必须存在
rb	以二进制格式打开文件,并且采用只读模式。文件的指针将会放在文件的开头。一般用于非文本文件,如图片、声音等	
r+	打开文件后,可以读取文件内容,也可以写入新的内容以覆盖原有内容(从文件开头进行覆盖)	
rb+	以二进制格式打开文件,并且采用读写模式。文件的指针将会放在文件的开头。一般用于非文本文件,如图片、声音等	
w	以只写模式打开文件	如果文件存在,则将其覆盖;否则,创建新文件
wb	以二进制格式打开文件,并且采用只写模式。一般用于非文本文件,如图片、声音等	
w+	打开文件后,先清空原有内容,使其变为一个空的文件,对这个空文件有读写权限	
wb+	以二进制格式打开文件,并且采用读写模式。一般用于非文本文件,如图片、声音等	
a	以追加模式打开一个文件。如果该文件已经存在,则文件指针将放在文件的末尾(即新内容会被写入已有内容之后);否则,创建新文件用于写入	
ab	以二进制格式打开文件,并且采用追加模式。如果该文件已经存在,则文件指针将放在文件的末尾(即新内容会被写入已有内容之后);否则,创建新文件用于写入	
a+	以读写模式打开文件。如果该文件已经存在,则文件指针将放在文件的末尾(即新内容会被写入已有内容之后);否则,创建新文件用于读写	如果想要读取文件内容,需要将文件指针移动到文件开头
ab+	以二进制格式打开文件,并且采用追加模式。如果该文件已经存在,则文件指针将放在文件的末尾(即新内容会被写入已有内容之后);否则,创建新文件用于读写	

(4) buffering:可选参数,用于指定读写文件的缓冲模式。如果值为 0,则表示不缓存;如果值为 1,则表示缓存;如果值大于 1,则表示缓冲区的大小。默认为缓存模式。

【示例 4-66】创建并打开记录蚂蚁庄园动态的文件。

在 IDLE 中创建一个名称为 antmanor_message. py 的文件,首先在该文件中输出一条提示信息,然后调用 open( ) 函数创建或打开文件,最后输出一条提示信息,代码如下:

```
print( " \n" ," =" * 10, " 蚂蚁庄园动态" ," =" * 10)
file = open( 'message. txt', 'w')          # 创建或打开保存蚂蚁庄园动态信息的文件
print( " \n 即将显示……\n" )
```

执行上述代码，将显示下方所示的结果，同时在 antmaner_message. py 文件所在的目录下创建一个名称为 message. txt 的文件，该文件没有任何内容。

```
==========蚂蚁庄园动态==========
          即将显示……
```

向文件写入内容，可以利用 write( ) 方法，具体语法格式如下：

```
file. write( string)
```

其中，file 为打开的文件对象，string 为要写入的字符串。

下面向蚂蚁庄园的动态文件写入一条信息。

在 IDLE 中创建一个名称为 antmanor_message_w. py 的文件，首先在该文件中用 open( ) 函数以写方式打开一个文件，其次调用 write( ) 方法向该文件中写入一条动态信息，最后调用 close( ) 方法关闭文件，代码如下：

```
print( " \n" ," =" * 10," 蚂蚁庄园动态" ," =" * 10)
file = open( 'message. txt', 'w')          # 创建或打开保存蚂蚁庄园动态信息的文件
                                            #写入一条动态信息
file. write( " 你消耗了 50 g 饲料雇佣 mingri 的小鸡来生产肥料，记得喂食哦。\n" )
print( " \n 写入了一条动态……\n" )
file. close( )                              # 关闭文件对象
```

执行上述代码，将显示下方所示的结果：

```
==========蚂蚁庄园动态==========
          写入了一条动态……
```

同时在 antmaner_message_w. py 文件所在的目录下创建一个名称为 message. txt 的文件，并且在该文件中写入了文字："你消耗了 50 g 饲料雇佣 mingri 的小鸡来生产肥料，记得喂食哦。"如下所示。

```
message. txt-记事本
你消耗了 50 g 饲料雇佣 mingri 的小鸡来生产肥料，记得喂食哦。
```

向文件中写入内容时，如果打开文件采用 w(写入)模式，则先清空原文件的内容，再写入新的内容；如果打开文件采用 a(追加)模式，则不覆盖原有文件的内容，只是在文件的结尾处增加新的内容。下面将对代码进行修改，实现在原动态信息的基础上再添加一条动态信息。修改后的代码如下：

```
print( " \n" ," =" * 10," 蚂蚁庄园动态" ," =" * 10)
file = open( 'message. txt', 'a')          # 创建或打开保存蚂蚁庄园动态信息的文件
                                            #追加一条动态信息
file. write( " mingri 的小鸡在你的庄园待了 22 min，吃了 6 g 饲料之后，被你赶走了。\n" )
print( " \n 追加了一条动态……\n" )
```

```
file.close()      # 关闭文件对象
```

执行上述代码后,打开 message.txt 文件,将显示如下所示的结果:

```
    message.txt-记事本
    你消耗了 50 g 饲料雇佣 mingri 的小鸡来生产肥料,记得喂食哦。
    mingri 的小鸡在你的庄园待了 22 min,吃了 6 g 饲料之后,被你赶走了。
```

使用 open()函数不仅可以以文本的形式打开文本文件,还可以以二进制形式打开非文本文件,如图片文件、音频文件、视频文件等。例如,创建一个名称为 picture.png 的图片文件,应用 open()函数以二进制方式打开该文件,并输出创建的对象的代码如下:

```
file = open('picture.png','rb')          # 以二进制方式打开图片文件
print(file)                              # 输出创建的对象
```

执行上述代码,将显示下方所示结果:

```
<io.BufferedReader name='picture.png'>
```

从上方结果中可以看出,创建的是一个 BufferedReader 对象。生成该对象后,可以再应用其他的第三方模块进行处理。例如,上述 BufferedReader 对象是通过打开图片文件实现的,那么就可以将其传入第三方的图像处理库 PIL 的 Image 模块的 open()方法中,以方便对图片进行处理(如调整大小等)。

在使用 open()函数打开文件时,默认采用 GBK 编码,当被打开的文件不是 GBK 编码时,将抛出异常信息,例如,抛出 UnicodeDecodeError 的异常信息:

```
Traceback (most recent call last):
  File "F:\program\Python\Code\demo.py", line 2, in <module>
    print(file.read())
UnicodeDecodeError: 'gbk' codec can't decode byte 0xff in position 0: illegal
multibyte sequence
```

解决该问题的方法有两种:一种是直接修改文件的编码;另一种是在打开文件时,直接指定使用的编码方式。推荐采用后一种方法。

下面将重点介绍如何在打开文件时指定编码方式:在调用 open()函数时,通过添加 encoding='UTF-8' 参数即可实现将编码指定为 UTF-8。如果想要指定其他编码,可以将单引号中的内容替换为想要指定的编码。例如,打开采用 UTF-8 编码保存的 notice.txt 文件,可以使用下列代码:

```
file = open('notice.txt', 'r', encoding='UTF-8')
```

打开文件后,需要及时关闭,以免对文件造成不必要的破坏。关闭文件可以使用文件对象的 close()方法实现。close()方法的语法格式如下:

```
file.close()
```

其中,file 为打开的文件对象。close()方法先刷新缓冲区中还没有写入的信息,然后关

闭文件,这样可以将没有写入文件中的内容写入文件中。在关闭文件后,就不能再进行写入操作了。

4.3.2　文件的写入与读取

1. 文件的写入

Python 处理文件的读取与写入时都是通过文件对象,因此,进行文件写入或读取操作,第一项工作就是调用 Python 的内部函数 open( )来创建文件对象。所谓文件对象,就是一个提供存取文件的接口,它并非实际的文件。当打开文件之后,必须通过"文件对象"执行读或写的操作。open( )函数的语法如下:

```
open(file,mode)
```

其中,file 以字符串来指定想要打开文件的路径和文件名,mode 是以字符串来指定打开文件的存取模式。见表 4-13,为用于设置文件的存取模式。

表 4-13　文件的存取模式

模式	说明
"r"	读取模式(默认值)
"w"	写入模式,创建新文件或覆盖旧文件(覆盖旧数据)
"a"	附加(写入)模式,创建新文件或附加到旧文件的末尾
"x"	写入模式,文件不存在时就创建新文件,文件存在则有错误
"t"	文本模式(默认)
"b"	二进制模式
"r+"	更新模式,可读可写,文件必须存在,从文件开头进行读写
"w+"	更新模式,可读可写,创建新文件或覆盖旧文件的内容,从文件开头进行读写
"a+"	更新模式,可读可写,创建新文件或从旧文件末尾进行读写

如果调用 open( )成功创建了文件对象,就会返回文件对象;如果创建文件失败,会产生错误。当以读取模式"r"打开文件时,如果该文件不存在,就会发生错误。当以写入模式打开文件,而该文件不存在时,这个时候系统就会自动以该名称创建新文件,而不会发生类似于读取模式找不到文件的错误。调用 open( )函数打开文件时,所指定的文件必须以转义字符"\\"来表示"\",也可以在绝对路径前面加 r,来告知编译程序系统 r 后面的路径字符串是原始字符串,具体语法如下:

```
file1=open(r"C:\test.txt","w")
```

对于文本文件而言,要将数据写入文件,必须事先调用 open( )方法创建新文件,再使用文件对象所提供的 write( )方法将数据写入文件,最后调用 close( )方法关闭文件。Python 中引入了 with 语句自动调用关闭文件 close( )。如下示例:

```
with open("file",'r') as f:
    print(f.read())
```

注意:写入文件时会从文件指针当前所在的位置开始,因此写入文件时,必须指定存取模式。文件指针用来记录文件当前写入或读取到了哪一个位置。

【示例 4-67】调用 open()方法打开文件。

```
yeats='''
若问前世因
今生受者是
若问来世界
今生作者是
'''                  #以长文字(使用三个单引号)创建字符串内容)
fn=open('phrase.tex','wt')
                     #调用 open()函数把文件对象赋值给 fn,方式为"以文本方式写入"
fn.write(yeats)  #将字符串写入文件
fn.close() #关闭文件,将位于缓冲区的内容全部写入文件,未写此代码创建的文件为空
```

可以在所保存的文件路径下找到这个新创建的文件,再以"记事本"程序打开该文件,可以看到所写入的数据是按照我们指定的字符串呈现方式写入的,如图 4-8 所示。

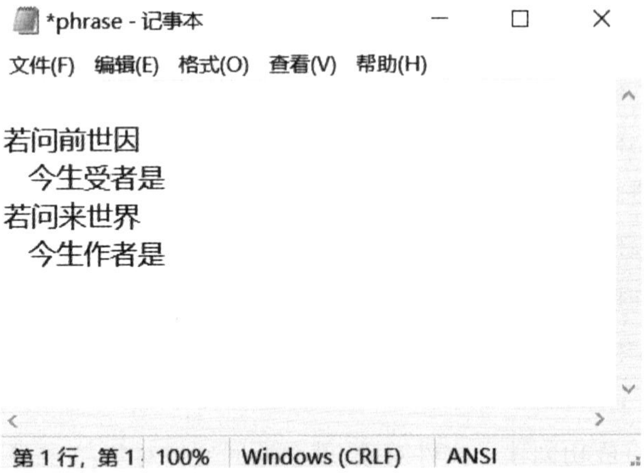

图 4-8 文本写入

2. 文件的读取

要读取文件的数据,首先必须调用 open()方法打开指定的文件,接着使用文件对象所提供的 read()、readline()、readlines()方法从文件中读取数据,最后调用 close()方法关闭文件。为避免读取时找不到文件而发生错误,可以在打开文件之前以 os.path 模块所提供的 isfile(file)函数来判断指定文件名的文件是否存在。如果文件存在,就返回 True,否则返回 False。示例代码如下:

【示例 4-68】

```
import os. path                          #导入 os. path
if os. path. isfile(" resume. txt" ):    #调用 isfile( )方法判断文件是否存在
      fb =open(" resume. txt" ," r" )
      for word in fb:
   print(word)
else:
print(" 指定要打开的文件不存在!" )
```

输出:

```
指定要打开的文件不存在!
```

当文件创建之后,就可以调用 read( )、readline( )或 readlines( )方法来读取文件。下面介绍这三个方法。

(1)read( )方法

调用 read( )方法读取数据会从文件当前指针所在的位置一个字符、一个字符地读取,读取完指定个数的字符后,就会返回该字符串,其语法如下:

```
read(n)
```

如果将参数 n 省略,就会以字符串类型返回文件的所有数据。在下面的示例中,会以文件存取模式“r”打开文件,文件指针会指向文件的起始处,从文件开头读取文件的所有数据内容,再以字符串的数据类型赋值给变量 text,这个时候系统会将文件指针从原先文件的起始处移到文件的结尾处;接下来,就可以调用 print( )函数将所读取的文件内容打印输出;最后调用 close( )方法关闭文件。

【示例 4-69】调用 read( )方法。

```
a =" filename. txt"
fb =open(a," r" ,encoding ='UTF-8')
text =fb. read( )
print(text)
fb. close( )
```

输出:

```
Python 支持的数字有 int(整型)、float(浮点型)、
     bool(布尔型)、complex(复数型)4 种
```

说明:此示例中有两处不同之处:一是使用变量 a 来表示文件对象,当文件路径或名称过长时,可以用此方法;二是给参数 encoding 指定了值,在系统的默认编码与要读取文件使用的编码不一样时,必须这样做。

上面的 read( )方法没有指定要读取的字符数,通常也可以在 read( )方法中传入一个参数来告知要读取几个字符。以下示例一开始文件的指针指向文件的起始处,在读取所指定的 6 个字符后,文件指针会移到文件的该 6 个字符之后,接着读取下一条程序语句所指定的

字符数，一旦不再需要读取文件，就可以使用 close( )方法关闭文件。

【示例 4-70】调用 read(n)方法。

```
a=" filename. txt"
fb=open(a," r" ,encoding='UTF-8')
text=fb. read(6)
print(text)
text=fb. read(6)
print(text)
fb. close()
```

输出：

```
Python
支持的数字有
```

文件指针指向文件当前要写入或读取的位置，前面两个示例中的文件指针的移动都是由系统自行移动的，如果通过程序指令把文件指针移到指定的位置，就需要调用 seek(offset)方法，这个方法的功能是将文件指针移到第 offset+1 个字节，例如 seek(0)表示将文件指针移到文件的第一个字节位置，也就是文件的起始处。

【示例 4-71】seek(offset)方法的使用。

```
a=" filename. txt"
fb=open(a," r" ,encoding='UTF-8')
fb. seek(0)                        #将文件指针移到文件起始处
text=fb. read(5)
print(text)
fb. seek(6)                        #将文件指针往前移动 6 个字节
text=fb. read(5)
print(text)
fb. close()
```

输出：

```
Pytho
支持的数字
```

【示例 4-72】文件的复制，调用 copyfile. py( )方法。

```
import os. path
if os. path. isfile(" filename1. txt" ):          #查看文件是否存在，若已存在，取消复制
    print(" 指定打开的文件已存在，不要进行复制" )
    pass
```

```
else:
    fb1=open("filename.txt","r",encoding='UTF-8')
    fb2=open("filename1.txt","w")
    text=fb1.read()              #调用 read()方法读取文件内容
    text=fb2.write(text)         #调用 write()方法写入文件
    print("文件复制完成,请打开 filename1.txt 查看")
    fb1.close()
fb2.close()
```

输出:

```
文件复制完成,请打开 filename1.txt 查看
```

复制好的文件内容如图 4-9 所示。

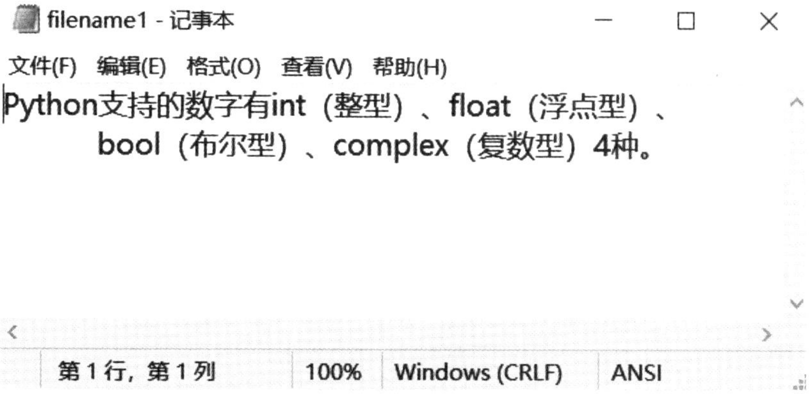

图 4-9 文本复制

如果文件已存在,就会输出:

```
指定打开的文件已存在,不要进行复制
```

(2)readline()方法

read()方法是一次读取一个字符,而 readline()方法可以整行读取,并将整行的数据内容以字符串的形式返回,如果所返回的是空字符串,就表示已读到文件的末尾。以下程序语句就是调用 readline()方法读取文件的第一行数据。

【示例 4-73】调用 readline()方法。

```
obj=open("filename.txt","r",encoding='UTF-8')
line=obj.readline()
print(line)
obj.close()
```

输出:

```
Python 支持的数字有 int(整型)、float(浮点型)
```

(3)readlines()方法

readlines()也可以读取文件,这个方法会一次读取文件的所有行,再以列表类型返回所有行。下面以简单的例子进行说明。

【示例 4-74】调用 readlines()方法。

```
with open('filename.txt'," rt" ,encoding ='UTF-8') as foin:
    tota1 =foin.readlines()                    #readlines()方法一次性读取文件所有行
print(" 行数:" ,len(tota1))
for line in tota1:                             #利用 for 循环一行一行读取并输出
print(line,end ="  ")
```

输出:

```
行数:2
Python 支持的数字有 int(整型)、float(浮点型)、bool(布尔型)、complex(复数型)4 种。
```

4.3.3 OS 模块操作文件和目录

在需要对大量文件和大量路径进行操作时,需要依赖 OS 模块。OS 模块提供多数操作系统的功能接口函数。当 OS 模块被导入后,它能自适应不同的操作系统平台,并根据不同的平台进行相应的操作。常用的 OS 模块命令如下。

os.name:返回操作系统的名字,主要作用是判断目前正在使用的平台,并给出操作系统的名字。其中 nt 代表 Windows,posix 代表 Linux 或 UNIX。

os.listdir()/os.pardir/os.curdir:os.listdir()列出 path 目录下所有的文件和目录名(包括隐藏文件),path 参数可省略,表示当前目录。os.pardir 获取当前目录的父目录字符串名。os.curdir 返回当前目录。

os.getcwd()/os.chdir():os.getcwd()输出当前 Python 脚本所在路径,参数为空时输出当前路径。os.chdir()为更改路径。

os.path.abspath(path):返回 path 的绝对路径。

os.path.split(path):将路径分解为(文件夹,文件名),返回的是元组类型。

os.path.dirname(path):返回 path 中的文件夹部分,结果不包含"\"。

os.path.basename(path):返回 path 中的文件名。

os.path.getmtime(path):返回文件或文件夹最后修改时间,从新纪元到访问时的秒数。

os.path.getsize(path):返回文件或文件夹大小,若是文件夹返回 0。

os.path.exists(path):文件或文件夹是否存在,返回 True 或 False。

os.rename("old_name","new_name"):重命名文件。

os.remove('filename'):删除单个文件。

os.mkdir('dirname'):创建单级目录。

os.makedirs('dirname1/dirname2'):生成多级目录。

os.rmdir('dirname'):删除单级目录。

os.removedirs('dirname1/dirname2'):如果给出多级目录,则可以递归地删除目录。

第 5 章　Python 编程基础

Python 程序有三种最基本的控制结构：顺序结构、选择结构和循环结构。采用顺序结构的程序通常按照由前到后的顺序执行各个语句，直到程序结束。程序通过引入选择结构和循环结构，可改变程序的执行流程。

本章主要介绍 Python 语言中的选择结构和循环结构等相关知识。通过本章学习，读者可以掌握 Python 编程中流程控制的使用方法。

5.1　条件语句

条件语句用来判断给定的条件是否满足，并根据判断的结果（True 或 False）做出决策，控制代码块的执行。条件语句适合带有逻辑或关系比较等条件判断的计算，可使问题根据分支逐步简单化、次序化。选择结构和循环结构通过条件语句来确定下一步的执行流程。

典型的条件表达式一般由运算符、操作数组成，其中，操作数指运算符处理的数据，运算符指对操作数进行运算处理的符号。Python 语言中，条件表达式常用的运算符如下：

（1）算术运算符：+、-、*、/、//、%、**、~。

（2）关系运算符：>、<、==、!=、<>、<=、>=。

（3）测试运算符：in、not in、is、not is。

（4）逻辑运算符：and、or、not。

Python 关系运算符、测试运算符见表 5-1 和表 5-2。

表 5-1　Python 关系运算符

运算符示例	功能说明
a==b	等于，比较对象是否相等；a 等于 b 返回 True
a!=b	不等于，比较两个对象是否不相等；a 不等于 b 返回 True
a<>b	不等于，比较两个对象是否不相等；a 不等于 b 返回 True，类似!=
a>b	大于，返回 a 是否大于 b；a 大于 b 返回 True
a<b	小于，返回 a 是否小于 b；a 小于 b 返回 True
a>=b	大于或等于，返回 a 是否大于或等于 b；a 大于或等于 b 返回 True
a<=b	小于，返回 a 是否小于或等于 b；a 小于或等于 b 返回 True

表 5-2　Python 测试运算符

运算符示例	功能说明
a in b	a 是否在 b 序列中，如果 a 在 b 序列中，返回 True，否则返回 False
a not in b	a 是否不在 b 序列中，如果 a 不在 b 序列中，返回 True，否则返回 False

表 5-2(续)

运算符示例	功能说明
a is b	判断 a、b 两个标识符是否引用同一个对象,类似 id(a)= id(b)。如果引用的是同一个对象,返回 True,否则返回 False
a is not b	判断 a、b 两个标识符是否不引用同一个对象,类似 id(a)!=id(b)。如果引用的不是同一个对象,返回 True,否则返回 False

当需要对多个条件同时判断时,使用 or(或),表示两个条件中有一个成立时则判断条件成功;使用 and(与),表示只有在两个条件同时成立的情况下,判断条件才成功。有多个条件时可以使用括号来区分判断的先后顺序,括号中的判断优先执行,此外 and 和 or 的优先级低于>(大于)、<(小于)等判断符号。

【示例 5-1】

```
a=0
b=1
if (a>0)and(b/a>2):
    print('yes')
else:
    print('no')
```

执行结果:

```
no
```

对 Python 复合布尔表达式的计算采用短路原则,如果通过前面部分已经计算出整个表达式的值,则后面部分不再计算。例如上例中,代码将正常执行而不会报“除零”错误,这种计算方式可以最大限度提升程序的实际运行效率。

5.1.1 单分支选择结构

Python 中,指定任何非零和非空(null)为 True,0 或 null 为 False。单分支选择结构具体的实现形式如下:

```
if 条件表达式:
语句块...
或者
if 条件表达式:语句
```

在单分支选择结构中,“条件表达式”后的英文冒号是不可或缺的部分。此外,“条件表达式”可使用 and/or/not 将多个单独的条件进行组合,只能返回 Bool 类型。条件成立,则返回 True,执行后面的语句块,语句块可以为多行语句,且缩进相同;条件不成立,则返回

False,不进行任何操作。代码实例如下面所示:

【示例 5-2】

```
a=5
b=3
if (a>b): a,b=b,a
print('从小到大输出:',a,b)
```

执行结果:

```
从小到大输出:3 5
```

如果单分支语句的语句块只有一条语句,可以把 if 语句和代码写在同一行。

5.1.2 双分支选择结构

在单分支选择结构的基础上,要对条件不成立("条件表达式"返回 False)的情况进行处理,可以使用双分支选择结构。双分支选择结构的具体实现形式如下:

```
if 条件表达式:
语句块...
else:
语句块...
```

条件成立,返回 True,执行后面的语句块;条件不成立,返回 False,执行 else 后面的语句块。代码示例如下面所示:

【示例 5-3】

```
import math
radius=eval(input('请输入半径值:'))
if(radius>=0):
   area=radius**2*math.pi          #计算圆的面积
   print('半径为:',radius)
   print('圆的面积为:',area)
else:
   print('请输入正确的半径值')
```

当输入的半径值大于或等于 0 时,计算并输出圆的面积;当输入的半径值小于 0 时,提示"请输入正确的半径值"。

5.1.3 多分支选择结构

实际生产生活中有很多比双分支选择结构更复杂的业务逻辑,需要依据多种不同情况分别进行处理,这时候要用到多分支选择结构。Python 语言并不支持 switch 语句,可以在 if 语句中配合使用 elif 语句来实现多分支选择结构,其中 elif 是 else if 的缩写。多分支选择结构的具体实现形式如下:

```
if 条件表达式 1:
语句块 1...
elif 条件表达式 2:
语句块 2...
elif 条件表达式 3:
语句块 3...

else:
语句块 n...
```

多分支选择结构中,多个条件表达式之间是互斥的关系。当条件表达式 1 返回 True 时,执行语句块 1;反之,判断条件表达式 2 是否返回 True,返回 True 则执行条件语句 2,以此类推,如果所有表达式均不成立,执行 else 后面的语句块。代码示例如下面所示:

【示例 5-4】

```
weight=eval(input('请输入您的体重(kg):'))
hight=eval(input('请输入您的身高(m):'))
BMI=weight/hight**2
if BMI<18.5:
    print('您的体型偏瘦')
elif BMI>=18.5 and BMI<25:
    print('您的体型正常')
else:
    print('您的体型偏胖')
```

5.1.4 选择结构的嵌套与条件表达式

1. 选择结构的嵌套

如果在 if 语句中需要再次使用 if 语句,则可以选择使用嵌套 if 语句。在嵌套 if 语句中,可以把一个 if...else 结构放在另一个 if...else 结构中,也可以把 if...elif...else 结构放在另一个 if...elif...else 结构中。具体实现形式如下:

```
if 条件表达式 1:
语句块 1...
    if 条件表达式 2:
语句块 2...
```

```
    else:
语句块 3...
else:
语句块 4...
```

如果条件表达式 1 成立,返回 True,执行语句块 1,并判断条件表达式 2 是否成立,如果成立则执行语句块 2,不成立执行语句块 3;如果条件表达式 1 不成立,执行语句块 4。

【示例 5-5】

```
has_ticket=eval(input('请输入是否有票(1:有票;0:没票):'))
if has_ticket:
    print('True')
    print('车票检查通过,准备开始安检')
knife_length=int(input('请输入刀的长度(厘米):'))
    if knife_length<=20:
  print('刀的长度有%d 厘米,不超过 20 厘米,允许上车'%knife_length)
    else:
  print('刀的长度有%d 厘米,超过 20 厘米,不允许上车'%knife_length)
else:
    print('没有车票,不允许进站')
```

只要 has_ticket 是非零数值、非空字符串、非空 list 等,就判断为 True,否则为 False。

2. 条件表达式

开发程序时,经常会根据表达式的结果有条件地进行赋值。例如,要返回两个数中较大的数,可以使用下面的 if 语句。

```
a= 10
b=6
if a>b:
  r=a
else:
  r=b
```

上述代码可以使用条件表达式进行简化,代码如下:

```
a=10
b=6
r=a if a> b else b
```

使用条件表达式时,先计算中间的条件(a>b),如果结果为 True,则返回 if 语句左边的值;否则返回 else 右边的值。例如,上述表达式的结果 r 的值为 10。

【示例 5-6】使用条件表达式判断是否为闰年。

在 IDLE 中创建一个名称为 leapyear. py 的文件,然后在该文件中定义一个判断年份的变量,接着应用条件表达式判断该年份是否为闰年,最后输出判断结果。代码如下:

```
year=2024                                          # 年份
result=" 是闰年" if(year%4==0 and year % 100!=0) or (year6400 == 0)else" 不是
闰年"
print(" \n" +str(year)+" 年" + result+ " !" )       # 输出结果
```

执行结果:

```
2024 年是闰年!
```

5.1.5 三元表达式应用

Python 的三元表达式是一种紧凑、简洁的条件表达式,允许在一行代码中根据条件选择不同的值。三元表达式的语法如下:

```
value_if_true if condition else value_if_false
```

其中,condition 是一个布尔表达式,如果为真,将返回 value_if_true;否则,返回 value_if_false。三元表达式通常用于需要在单行中根据条件进行选择的情况,有助于提高代码的可读性和简洁性。下面通过一个简单的示例,演示三元表达式的基本用法。

【示例 5-7】

```
x = 10
y = 20
max_value = x if x > y
else
  y
print(max_value)
```

执行结果:

```
20
```

在这个示例中有 x 和 y 两个变量,使用了三元表达式来比较它们的值,如果 x 大于 y,那么 max_value 将被赋值为 x,否则它将被赋值为 y,因此,max_value 最终的值为 20。

三元表达式提供了一种紧凑的方式来执行条件选择,与使用传统的 if 语句相比,可以显著减少代码的行数。例如,上述示例若用 if 语句:

```
x = 10
y = 20
```

```
if x > y:
max_value = x
else:
max_value = y
print(max_value)
```

执行结果：

```
20
```

对比可知，使用三元表达式可以将 if 语句的多行代码简化为一行，有助于提高代码的可读性和简洁性。

另外，三元表达式还可以嵌套在其他三元表达式中，进行更复杂的条件选择，或与函数调用一起使用，以根据条件选择不同的函数。三元表达式还可以用于提供变量的默认值。如果变量的值为 None 或其他假值时，可以使用三元表达式来提供替代值。因此三元表达式具有较多的应用场景，有很强的适应性。

5.2　循 环 语 句

在许多实际问题中往往有一些具有规律性的重复操作，因此，在程序设计中就需要重复执行某些语句。循环结构是在一定条件下反复执行某段程序的流程结构，由循环体及循环的终止条件两部分组成。循环体是一组被重复执行的语句，循环的终止条件决定循环体能否继续执行。Python 中提供的循环语句有 while 循环和 for 循环。

5.2.1　while 循环

while 循环在满足某一条件的前提下，重复执行相同的代码。根据循环条件的不同设置，while 循环分为 while 条件循环和 while 无限循环两种。

1. while 条件循环

Python 语言中 while 条件循环的一般形式如下：

```
while 条件表达式：
循环体
```

先来看以下两个例子。

【示例 5-8】输出 1~8。

```
count=0
while count<9:
    print('count is:',count)
```

```
    count=count+1
print('done')
```

执行结果：

```
count is:0
count is:1
count is:2
count is:3
count is:4
count is:5
count is:6
count is:7
count is:8
done
```

【示例 5-9】输出 10 以内的偶数。

```
num=0
while num<=10:
    if num%2==0:
  print(num)
    num=num+1
```

当条件表达式成立，返回 True 时，执行循环体，循环体的多行语句保持相同缩进格式。循环体一次执行完毕后，程序会判断条件表达式是否成立，决定是否进入下一次循环。当条件表达式不成立时，返回 False，退出循环。

2. while 无限循环

特殊情况下，有可能需要无限循环（又称死循环），可以通过设置条件表达式为 True 来实现。

```
while True:
    print('error! ')
```

无限循环程序可以通过 Ctrl+C 组合键强制结束。

3. while…else 循环

在其他语言中，else 只能和 if 组合，即常见的 if…else。Python 为 else 赋予了新的声明，它可以和 while、for、try 一起串联使用。在 while 循环中，当条件表达式成立，执行循环体；当条件表达式不成立时，循环结束。可以用 else 定义要执行的语句块，其具体实现形式如下：

```
while 条件表达式:
循环体
```

```
else:
语句块
```

else 中的语句块会在 while 正常执行完成后被执行,代码示例如下所示:

【示例 5-10】

```
count=0
while count<5:
    print(count,'is less than 5')
    count=count+1
else:
    print(count,'is not less than 5')
```

执行结果:

```
0 is less than 5
1 is less than 5
2 is less than 5
3 is less than 5
4 is less than 5
5 is not less than 5
```

注意:如果 while 被 break 中断,那么 else 中的语句块不会被执行。

5.2.2 for 循环

在 Python 中,for 循环是一种非常强大的循环机制。for 循环是一种迭代循环,而 while 循环是条件循环。所谓迭代,是指重复执行相同的逻辑操作,每次操作都基于上一次的结果而进行。for 循环通常用于遍历序列(如 list、tuple、range、str)、集合(如 set)和映射对象(如 dict)等。for 循环的一般格式如下:

```
for 变量 in 序列
循环体
```

其中,先将变量赋值给序列中的第一个值,执行循环体,再将变量赋值给序列中的第二个值,执行循环体,以此类推,直到将变量赋给序列中的最后一个值,执行循环体后结束循环。for 循环的基本用法和代码示例如下所示:

【示例 5-11】

```
students=['Tom','Jack','Ken']
for std in students:
print('学生:',std)
```

执行结果：

```
学生：Tom
学生：Jack
学生：Ken
```

每循环一次，将变量 std 由左至右依次赋值给 students 列表中的元素，再使用 print 对元素进行输出。

【示例 5-12】使用 for 循环计算列表中所有元素的和。

```
sum=0
for i in [1,2,3,4,5]:
    sum=sum+i
    print(sum)
```

执行结果：

```
15
```

【示例 5-13】对 for 循环进行嵌套，实现 1~9 乘法表。

```
for i in range(1,10):
        for s in range(1,i+1):
    print('%s×%s=%s'%(s,i,s*i),end='')    #end=('')末尾不换行，加一个空格
    print()   # print 默认换行
```

执行结果：

```
1×1=1
1×2=2 2×2=4
1×3=3 2×3=6 3×3=9
1×4=4 2×4=8 3×4=12 4×4=16
1×5=5 2×5=10 3×5=15 4×5=20 5×5=25
1×6=6 2×6=12 3×6=18 4×6=24 5×6=30 6×6=36
1×7=7 2×7=14 3×7=21 4×7=28 5×7=35 6×7=42 7×7=49
1×8=8 2×8=16 3×8=24 4×8=32 5×8=40 6×8=48 7×8=56 8×8=64
1×9=9 2×9=18 3×9=27 4×9=36 5×9=45 6×9=54 7×9=63 8×9=72 9×9=81
```

其中，range(1,10)=[0,1,2,3,4,5,6,7,8,9]，range() 返回的是一个可迭代对象（类型是对象），而不是列表类型，所以打印的时候不会打印列表。

for 循环不仅可以遍历列表，也可以用在其他序列上。例如，for 循环在字符串上的应用示例如下：

【示例 5-14】

```
string='abcdefg'
for s in string:
```

```
print(s)
```

执行结果：

```
a
b
c
d
e
f
g
```

元组是 Python 内置对象，它与列表的不同之处在于，列表元素放在[ ]内，而元组中的元素放在( )内，并且自创建之后不可改变。for 在元组上的应用如下面代码示例所示：

【示例 5-15】

```
t=('I','am','okay! ')
for x in t:
print(x)
```

执行结果：

```
I
am
okay!
```

在 for 循环中还可以实现元组的赋值，如下面代码示例所示：

【示例 5-16】

```
T=[(1,2),(3,4),(5,6)]
for (a,b) in T:
print(a,b)
```

在第一次循环中，相当于编写代码(a,b)=(1,2)；在第二次循环中，相当于编写(a,b)=(3,4)；以此类推。执行结果如下：

```
1 2
3 4
5 6
```

for 循环在字典对象上的应用，如下面代码示例所示：

【示例 5-17】

```
D={'a':1,'b':2,'c':3}     #定义字典 D
for k in D:               #无特殊要求，遍历字典中的键
print(k,'=>',D[k])
```

执行结果：

```
a => 1
b => 2
c => 3
```

5.2.3 for...else 循环

for...else 循环的用法与 while...else 相同，如果循环结束后没有 break 语句，就会执行 else 语句块。for...else 循环的具体实现形式如下：

```
for 变量 in 序列：
循环体
else：
语句块...
```

【示例 5-18】

```
for i in range(10):
    if i==5:
        print('found it! i=%s'%i)
        break
else:
print('not found it')
```

执行结果：

```
found it! i=5
```

5.2.4 循环控制语句

在程序设计中，有时需要控制程序不按照正常流程执行，这就需要通过循环控制语句更改循环体中的程序执行过程，如中断循环、跳过本次循环直接执行下一次循环等。

在 Python 语言中，循环体中可以使用 continue、break 语句控制循环的执行过程。其中，continue 用于跳过本次循环直接进入下一次循环，break 用于退出循环而不执行后续所有剩余循环。

1. continue 语句

continue 语句的作用是跳过当前循环的剩余语句，然后执行下一轮循环，如下面代码示例所示：

【示例 5-19】

```
i=5
while i>0:
    i=i-1
    if i==3:
        continue
    print(i)
else:
    print()
```

执行结果：

```
4
2
1
0
```

2. break 语句

break 语句在 while 和 for 循环语句中被用来终止循环，即使循环条件仍满足或者序列还没被完全递归完也会停止循环语句的执行，如下面代码示例所示：

【示例 5-20】

```
for letter in 'Python':
    if letter=='t':
        break
print('当前字母为:',letter)
```

执行结果：

```
当前字母为: t
```

3. pass 语句

pass 语句是空语句，是为了保持程序结构在形式上的完整性。pass 语句不执行任何指令，一般用作占位语句，如下面代码示例所示：

【示例 5-21】

```
for letter in 'Python':
    if letter=='h':
        pass
    else:
        print('当前字母:',letter)
```

执行结果：

```
当前字母：P
当前字母：y
当前字母：t
当前字母：o
当前字母：n
```

5.2.5 循环嵌套

Python 允许在一个循环体中嵌入另一个循环，这称为循环嵌套。在 Python 中，for 循环和 while 循环都可以进行循环嵌套。在 while 循环中套用 while 循环的格式如下：

```
while 条件表达式 1：
    while 条件表达式 2：
    循环体 2
循环体 1
```

在 for 循环中套用 for 循环的格式如下：

```
for 迭代变量 1 in 对象 1：
      for 迭代变量 2 in 对象 2：
        循环体 2
循环体 1
```

在 while 循环中套用 for 循环的格式如下：

```
while 条件表达式：
      for 迭代变量 in 对象：
        循环体 2
循环体 1
```

在 for 循环中套用 while 循环的格式如下：

```
For 迭代变量 in 对象：
      while 条件表达式：
        循环体 2
循环体 1
```

【示例 5-22】使用嵌套的 for 循环输出九九乘法表。

```
for i in range(1, 10):                    # 输出 9 行
    for j in range(1, i+1):               # 输出与行数相等的列
        print(str(j)+" x"  + str(i)+"  =" + str(i * j)+" \t" , end='')
    print('')                             # 换行
```

程序执行结果：

```
1×1=1
1×2=2 2×2=4
1×3=3 2×3=6 3×3=9
1×4=4 2×4=8 3×4=12 4×4=16
1×5=5 2×5=10 3×5=15 4×5=20 5×5=25
1×6=6 2×6=12 3×6=18 4×6=24 5×6=30 6×6=36
1×7=7 2×7=14 3×7=21 4×7=28 5×7=35 6×7=42 7×7=49
1×8=8 2×8=16 3×8=24 4×8=32 5×8=40 6×8=48 7×8=56 8×8=64
1×9=9 2×9=18 3×9=27 4×9=36 5×9=45 6×9=54 7×9=63 8×9=72 9×9=81
```

5.2.6 与条件循环相关的内置函数

为了提升编程效率，Python 语言提供了大量的内置函数。复杂的数据结构隐藏在内置函数中，只要写出相应的业务逻辑，Python 就会自动得出想要的结果，可以极大地降低编码量，简化编码过程。

1. range 函数

range 函数的作用是返回一个可迭代对象，语法结构如下：

```
range([start,]end[,step])
```

其中，start 为起始位置，默认从 0 开始；end 为结束位置，但不包括 end，计算区间是[start,end)；step 则为步长，默认为 1，step 也可以为负数，表示反向遍历。对于 range 函数返回的可迭代对象，可使用 list 函数转换为列表，如下面代码示例所示：

【示例 5-23】

取值区间为[0,5)，步长为 1：

```
list(range(5))
```

执行结果：

```
[0, 1, 2, 3, 4]
```

取值区间为[1,7)，步长为 2：

```
list(range(1,7,2)) #
```

执行结果：

```
[1, 3, 5]
```

取值区间为(2,9]，步长为-2：

```
list(range(9,2,-2))#
```

执行结果：

```
[9, 7, 5, 3]
```

此外，也可以使用 for 循环对 range 函数返回的可迭代对象进行遍历，如下面代码所示：

【示例 5-24】

```
for i in range(5):
    print(i)
```

执行结果：

```
0
1
2
3
4
```

2. enumerate 函数

enumerate 函数返回的是一个 enumerate 对象，作用是枚举可迭代对象 iterable 的每一个元素，将它们组成一个索引序列，可以同时获得索引和值，语法结构如下：

```
enumerate(iterable[,start])
```

其中，iterable 为可迭代对象，start 是索引的起始值。如果需要引用 enumerate 对象的索引和值，可以使用 for 循环来实现，如下面代码所示：

【示例 5-25】

```
lst=[1,2,3,4,5,6]
for index,value in enumerate(lst):
    print('%s,%s'%(index,value))
```

执行结果：

```
0,1
1,2
2,3
```

```
3,4
4,5
5,6
```

3. reversed 函数

如果程序需要进行反向遍历,可使用 reversed 函数,该函数可接收各种序列(元组、列表、字符串、区间等)参数,然后返回一个反序排列的可迭代对象。reversed 函数对参数本身不会产生任何影响。

【示例 5-26】

```
lst=[3,4,5,6]
lst1=reversed(lst)
list(lst1)
```

执行结果:

```
[6, 5, 4, 3]
```

执行 reversed 函数之后,只有在第一次遍历时返回反序后的序列,再次调用则会返回空值。

4. zip 函数和 * zip 函数

zip 函数允许一系列可迭代对象作为参数,将对象中对应的元素打包成一个个元组,返回一个 zip 对象,并且可以转换为列表或元组。其语法结构如下:

```
zip(seq1[seq2,[...]])
```

其中,seq1、seq2 等为一系列可迭代对象,可以是元组、列表、字典等,如下面代码所示:

【示例 5-27】

```
m=[[1,2,3],[4,5,6],[7,8,9]]
n=[[2,2,2],[3,3,3],[4,4,4]]
list(zip(m,n))
```

执行结果:

```
[([1, 2, 3], [2, 2, 2]), ([4, 5, 6], [3, 3, 3]), ([7, 8, 9], [4, 4, 4])]
```

在 zip 函数的多参数版本中,当元素个数不相同时,以元素最少的参数为准,对各参数相应位置的元素进行组合,如下面代码示例所示:

【示例 5-28】

```
list1=[1,2,3,4]
list3=[5,6,7,8,9]
```

```
list(zip(list1,list3))
```

执行结果：

```
[(1, 5), (2, 6), (3, 7), (4, 8)]
```

而 * zip 函数是 zip 函数的逆过程，可将 zip 对象还原为组合前的数据。

5. sorted 函数

使用 sorted 函数可以对所有可迭代对象进行排序。需要注意的是，sort 与 sorted 函数是有区别的。sort 函数主要应用于列表对象，sorted 函数则可以对所有可迭代对象进行排序。sort 函数是对已经存在的列表进行操作，而 sorted 函数返回的是一个新的列表，不是在原来的列表基础上进行操作，如下面代码示例所示：

【示例 5-29】

```
my_list=[3,5,1,4,2]
my_list.sort()
print(my_list)
```

执行结果：

```
[1, 2, 3, 4, 5]
```

5.3 函数与函数式编程

在实际编程开发中，很多操作都是完全相同或非常相似的，只是需要处理的数据不同而已，因此可以通过封装代码提升编程效率。在 Python 语言中，函数分为内建函数和自定义函数。内建函数是系统已经定义好的函数，开发者不能修改但可以直接调用。自定义函数是开发者自己定义的函数，可以修改和调用。内建函数和自定义函数都属于 Python 语言中的常见函数，定义和调用方法也完全相同。

5.3.1 函数定义与调用

在程序设计语言中，函数是组织好的、可重复使用的、用来实现特定功能的代码段。函数的使用能够提高软件的模块化水平及编码效率。在程序设计中，函数的使用可以提升代码的复用率和可维护性。Python 语言对函数的支持较好，提供了灵活的函数定义及调用方式。

在 Python 语言中，函数通常是由函数名、参数列表及一系列语句组成的函数体构成的。函数定义的一般格式如下所示：

```
def 函数名(参数列表)：
函数体
```

其中,def 是 Python 语言中定义函数的关键字,括号内是函数的形参列表,冒号表示函数体的开始。

下面代码示例定义了一个只包含一条输出语句的函数 hello(),并且该函数没有定义任何参数,默认返回值为 None。

【示例 5-30】

```
def hello():
    print('Hello World!')
hello()
```

执行结果:

```
Hello World!
```

以上代码示例定义的 hello()虽然不包含任何参数,但是函数名后的一对括号是不能省略的。在实际应用中,稍复杂的函数一般都会包含一个或多个参数。在下面代码示例中,我们定义了一个计算矩形面积的函数 area()和一个欢迎信息打印函数 welcome()。

【示例 5-31】

```
#定义计算矩形面积的函数
def area(width,heigth):
    return width * heigth
#定义输出欢迎信息的函数
def welcome(name):
    print('Welcome',name)
#调用函数
welcome('Runoob')
w=4
h=5
#调用函数
print('width=',w,'height=',h,'area=',area(w,h))
```

执行结果:

```
Welcome Runoob
width= 4 height= 5 area= 20
```

上述代码中,首先定义了 area()和 welcome()两个函数,其中函数 area()提供了 width(宽)和 height(高)两个参数,函数 welcome()只提供了一个参数 name,然后分别调用 area()和 welcome()函数,输出相应的结果。

在编程语言中,函数在定义和调用时分别涉及形参和实参的使用。形参(parameter)的全称为形式参数,不是实际存在的变量,又称虚拟变量。形参是在定义函数名和函数体的时候使用的参数,目的是用来接收调用函数时传入的参数。形参变量只有在被调用时才分配内存单元,在调用结束时,即释放分配的内存单元。根据实际需要,可以设置一个或多个形参。当没有形参时,函数名后的圆括号不能省略。

实参(argument)的全称为实际参数,是在调用时传递给函数的参数。实参可以是常量、变量、表达式、函数等。无论实参是何种类型,在进行函数调用时,都必须有确定的值,以便把这些值传送给形参。实参一般出现在主调函数中,并采用赋值、输入等办法获取确定值。

形参和实参的功能是传送数据。发生函数调用时,主调函数把实参的值传送给被调函数的形参,从而实现主调函数向被调函数的数据传送。另外,调用函数时发生的数据传送是单向的,只能把实参的值传送给形参,而不能把形参的值反向传送给实参。在调用函数时,实参将赋值给形参。必须注意实参的个数、类型应与形参一一对应,并且实参必须有确定的值。形参的作用域一般仅限函数体内部,而实参的作用域根据实际设置而定。代码示例如下所示:

【示例 5-32】

```
#计算面积的函数
def area(width,height):
    return width * height
w=6
h=8
print('width=',w,'height=',h,'area=',area(w,h))
```

执行结果:

```
width= 6 height= 8 area= 48
```

上面代码示例中,area()函数定义中的 width 和 height 是形参,在函数体外定义的变量 w 和 h 是实参。把实参 w 和 h 传入函数体后,就把相应的值付给了形参 width 和 height。形参 width 和 height 的作用域只限于 area()函数体内,而实参 w 和 h 的作用域根据外部被调位置的设置而定。

对于函数的形参列表,默认情况下函数调用时的参数值与形参列表中定义的顺序是一致的。Python 语言也允许函数调用时顺序与声明时顺序不一致,但要显式地指明关键字参数,并根据参数的指定进行赋值。

5.3.2 函数的返回值

函数的返回值是指函数执行完毕后,系统根据函数的具体定义返回给外部调用者的值。为函数设置返回值的作用是将函数的处理结果返回给调用它的函数。

在 Python 中,可以在函数体内使用 return 语句为函数指定返回值。该返回值可以是任意类型,并且无论 return 语句出现在函数的什么位置,只要执行 return 语句,就会直接结束函数的执行。return 语句的语法格式如下:

```
return [value]
```

参数说明如下:

(1)return:为函数指定返回值后,在调用函数时,可以把它赋给一个变量(如 result),用于保存函数的返回结果。如果返回一个值,那么 result 中保存的就是返回的一个值,该值可以是任意类型;如果返回多个值,那么 result 中保存的是一个元组。

(2) value:可选参数,用于指定要返回的值,可以返回一个值,也可返回多个值。

【示例 5-33】函数通过使用 return 语句来返回一个值。例如,下面的函数 add_numbers()为返回两个数字的和。

```
def add_numbers(a, b):
    return a + b


result = add_numbers(3, 4)
print(result)
```

执行结果:

```
7
```

【示例 5-34】返回多个值。函数可以返回多个值,这些值可以打包成元组、列表或字典等数据结构。例如,下面的函数 find_min_max 返回一个列表中的最大值和最小值。

```
python
def find_min_max(nums):
    if len(nums) = = 0:
      return None
    min_num = min(nums)
    max_num = max(nums)
    return min_num, max_num

numbers =[1,2,3,4,5]
min_value, max_value = find_min_max(numbers)
print("最小值:", min_value)
print("最大值:", max_value) # 输出:最小值: 1, 最大值: 5
```

【示例 5-35】模拟顾客结账功能——计算优惠后的实付金额。

某商场年中搞促销活动,优惠如下:

满 500 可享受 9 折优惠;满 1 000 可享受 8 折优惠;满 2 000 可享受 7 折优惠;满 3 000 可享受 6 折优惠。

在 IDLE 中创建一个名称为 checkout. py 的文件,然后在该文件中定义一个名称为 fun_checkout 的函数,该函数包括一个列表类型的参数,用于保存输入的金额。在该函数中计算合计金额和相应的折扣,并将计算结果返回;接着在函数体外通过循环输入多个金额,并将金额保存到列表中;最后将该列表作为 fun_checkout()函数的参数进行调用。代码如下:

```
def fun_checkout(money):
    ''' 功能:计算商品合计金额并进行折扣处理
```

```
    money:保存商品金额的列表
    返回商品的合计金额和折扣后的金额
    '''
    money_old = sum(money)                              # 计算合计金额
    money_new = money_old
    if money_old >= 500 and money_old < 1000:           # 满 500 可享受 9 折优惠
        money_new = '{:.2f}'.format(money_old * 0.9)
    elif money_old >= 1000 and money_old <= 2000:       # 满 1000 可享受 8 折优惠
        money_new = '{:.2f}'.format(money_old * 0.8)
    elif money_old >= 2000 and money_old <= 3000:       # 满 2000 可享受 7 折优惠
        money_new = '{:.2f}'.format(money_old * 0.7)
    elif money_old >= 3000:                             # 满 3000 可享受 6 折优惠
        money_new = '{:.2f}'.format(money_old * 0.6)
    return money_old, money_new              # 返回总金额和折扣后的金额
#*****************调用函数*****************#
print("\n 开始结算……\n")
list_money =[]                                          # 定义保存商品金额的列表
while True:
                                        # 请不要输入非法的金额,否则将抛出异常
    inmoney = float(input("输入商品金额(输入 0 表示输入完毕):"))
    if inmoney == 0:
        break                                           # 退出循环
    else:
        list_money.append(inmoney)                      # 将金额添加到金额列表中

money = fun_checkout(list_money)                        # 调用函数
print("合计金额:", money[0], "应付金额:", money[1]) # 显示应付金额
```

执行结果:

```
开始结算……
输入商品金额(输入 0 表示输入完毕):288
输入商品金额(输入 0 表示输入完毕):98.8
输入商品金额(输入 0 表示输入完毕):168
输入商品金额(输入 0 表示输入完毕):100
输入商品金额(输入 0 表示输入完毕):258
输入商品金额(输入 0 表示输入完毕):0
合计金额: 912.8 应付金额:821.52
```

5.3.3 函数嵌套

在 Python 中,函数嵌套是指在一个函数内部定义另一个函数。

1. 函数嵌套在函数内部

指在一个函数内部定义另一个函数,内部函数通常只在外部函数中可见。其一般格式如下所示:

```
def outer_function():
        def inner_function():
            #内部函数的实现
            pass
    #外部函数的实现
    inner_function()
```

【示例 5-36】

```
def outer_function(x):
    print("外部函数参数 x =", x)

    def inner_function(y):
      print("内部函数参数 y =", y)

    inner_function(x * 2)    # 将外部函数参数传递给内部函数

outer_function(5)            # 调用外部函数
```

执行结果:

```
外部函数参数 x=5
内部函数参数 y=10
```

outer_function 接收一个参数 x,并将其值传递给内部函数 inner_function。在调用函数 outer_function(5) 时,实际上会调用 inner_function(5 * 2),内部函数的参数值为外部函数参数值的两倍。

2. 函数作为返回值

一个函数可以返回另一个函数,以及返回一个函数名或者 Lambda 表达式,一般格式如下所示:

```
def outer_function():
        def inner_function():
            return "这是内部函数"
        return inner_function

result = outer_function()
print(result())
```

3. 函数嵌套在类中

同样可以在类的内部再定义其他函数,一般格式如下所示:

```
class MyClass:
        def outer_method(self):
            def inner_method():
                #内部方法的实现
                pass
            #外部方法的实现
            inner_method()
```

【示例 5-37】

```
class MyClass:
    def outer_method(self):
        print("这是外部方法")

        def inner_method():
            print("这是内部方法")

        inner_method()  # 在外部方法中调用内部方法

# 创建类实例
my_instance = MyClass()
# 调用外部方法
my_instance.outer_method()
# 输出:这是外部方法
#        这是内部方法
```

上述示例定义了一个类 MyClass,其中包含了一个外部方法 outer_method,以及一个在外部方法内部定义的内部方法 inner_method。当创建类的实例后,可以通过该实例调用外部方法 my_instance. outer_method()。

4. 闭包(Closure)

在一个函数内定义并引用了外部函数的局部变量,形成一个闭包,一般格式如下所示:

```
def outer_function(x):
    def inner_function(y):
        return x + y
    return inner_function

add_five = outer_function(5)
result = add_five(3)
print(result)
```

【示例 5-38】

```
def outer_function(x):
    def inner_function(y):
        return x + y
    return inner_function

# 创建闭包
add_five = outer_function(5)

# 使用闭包
result = add_five(3)
print(result)
# 输出:8
```

将外部函数 outer_function(5) 的返回值赋给了变量 add_five,这个变量实际上就是一个闭包,其中包含了外部函数中的变量 x 的取值。之后,调用闭包 add_five(3),传入参数 3,并实现了对外部函数参数和内部参数的相加操作。

函数作为返回值和闭包具体区别如下。

函数作为返回值是指一个函数内部可以创建并返回另一个函数。当外部函数调用时,会返回内部的函数对象,而不是函数的执行结果;返回的函数与外部函数完全脱离,不再持有外部函数作用域中的状态信息;返回的函数需要在外部函数中重新调用才能执行。

而闭包是一种特殊的函数,它能够记住并访问其创建时的环境中的变量值,即使这些变量在创建后已经不再存在;闭包是在函数内部定义的函数,并返回该内部函数的情况;闭包允许函数保持对定义时环境的引用,从而在之后的调用中可以继续使用这些变量的值。

5.3.4　高阶函数

1. 高阶函数 map()

map()是 Python 内置的高阶函数之一,它可以对可迭代对象(如列表、元组等)的每个

元素应用一个函数,并返回一个新的可迭代对象,其中包含了应用函数后的结果。map()函数的语法如下:

```
map(function, iterable, ...)
```

其中,function 参数是一个函数,iterable 参数可以是任何可迭代对象,比如列表、元组或字符串。在调用 map()函数时,function 函数将应用于 iterable 中的每个元素,然后将结果返回为一个新的迭代器。注意,如果有多个 iterable 参数,那么 function 函数需要接收与 iterable 相同数量的参数。

以下是关于 map()函数的使用例子:定义一个函数 square()用于计算数的平方,然后使用 map()函数将该函数应用到一个列表中的所有元素,并返回一个新的迭代器。

【示例 5-39】将列表中的每个元素平方。

```
def square(x):
        return x ** 2
my_list = [1, 2, 3, 4, 5]
result = map(square, my_list)
print(list(result))
```

执行结果:

```
[1, 4, 9, 16, 25]
```

2. 高阶函数 reduce()

高阶函数 reduce()是编程中常用的一种函数,它能够对序列中的元素进行累积操作。要使用 reduce()函数,首先需要导入 functools 模块,基本的语法如下:

```
from functools import reduceresult = reduce(function, sequence[, initial])
```

其中:

(1)function:要应用于序列的二元操作函数。

(2)sequence:要归约的序列,可以是列表、元组等。

(3)initial(可选):初始值,如果指定,它将成为归约的初始累积值。

【示例 5-40】求和。

```
from functools import reduce
numbers = [1, 2, 3, 4, 5]
total = reduce(lambda x, y: x + y, numbers) # 使用 lambda 函数和 reduce 计算总和
print("总和:", total)
```

执行结果:

```
总和:15
```

3. 高阶函数 filter()

filter()函数是 Python 的内置函数,用于过滤可迭代对象中的元素。它可以接收两个参

数:函数和可迭代对象,其中函数用于筛选可迭代对象中需要的元素。其语法格式如下:

```
filter(function, iterable)
```

其中:

(1)function:一个用于筛选可迭代对象中元素的函数,通常是 lambda 表达式或其他函数。

(2)iterable:一个可迭代的对象,可以是列表、元组、集合、字符串等。

该函数返回一个迭代器对象,该迭代器对象包含筛选出来的元素。以下代码演示了如何使用 filter()函数筛选出给定列表中的所有偶数。

【示例 5-41】筛选出偶数。

```
numbers = [1, 2, 3, 4, 5, 6, 7, 8, 9, 10]
even_numbers = list(filter(lambda x: x % 2 == 0, numbers))
print(even_numbers)
```

执行结果:

```
[2, 4, 6, 8, 10]
```

上述代码定义了一个包含 10 个数字的列表 numbers,创建了一个 lambda 表达式,用于筛选列表中的偶数,即 x % 2 == 0,调用 filter()函数,并传入 lambda 表达式和列表 numbers,使用 list()函数将返回的迭代器对象转换为列表,最后打印出列表 even_numbers 的值。

从上述代码,我们可以看到 filter()函数通过传入一个 lambda 表达式来筛选列表中的元素,筛选出的结果是一个迭代器对象,可以使用 list()函数将其转换成列表,最终打印出的结果是一个包含了偶数的列表。

4. 自定义排序函数 sorted()

sorted()函数是一个用来排序的内建函数,它可以将一个可迭代对象作为参数,返回一个新的带有排序元素的列表。它可以对任意的数据类型进行排序,包括数字、字符串、元组、列表等。sorted()函数的基本语法如下:

```
sorted(iterable, key=None, reverse=False)
```

其中:

(1)iterable:需要排序的可迭代对象。

(2)key:用来指定一个函数,将其作用于 iterable 中的每个元素,根据函数的返回值进行排序;如果不指定,则按照默认方式进行排序。

(3)reverse:如果为 True,则表示按照逆序进行排序;默认为 False。

【示例 5-42】对一个数字列表进行排序。

```
numbers = [10, 5, 20, 3, 8]
sorted_numbers = sorted(numbers)
print(sorted_numbers)
```

执行结果：

```
[3, 5, 8, 10, 20]
```

5. 高阶函数 partial( )

partial( )函数是 Python 标准库 functools 模块中的一个函数，用于创建一个部分应用的函数对象。部分应用是指在调用函数时，预先设置部分参数，然后返回一个新的函数，该函数接收剩余的参数并返回结果。partial( )函数的语法如下：

```
functools.partial(func, *args, **kwargs)
```

其中，func 为要部分应用的函数，args 和 kwargs 为要预先设置的参数。

部分应用通过在 partial 函数中传递额外的参数，可以将这些参数预先设置为函数的默认参数。示例代码例如下：

【示例 5-43】

```
from functools import partial


def multiply(x, y):
    return x * y


double = partial(multiply, 2)
result = double(5)  # 等同于调用 multiply(2, 5)
print(result)
```

执行结果：

```
10
```

5.3.5 匿名函数

匿名函数是指没有名字的函数，应用在需要一个函数但是又不想命名这个函数的场合。通常情况下，这样的函数只使用一次。在 Python 中，使用 lambda 表达式创建匿名函数，其语法格式如下：

```
result = lambda [arg1 [, arg2 ,..., argn]]:expression
```

参数说明如下：

(1) result：用于调用 lambda 表达式。

(2) [arg1 [, arg2,...,argn]]：可选参数，用于指定要传递的参数列表，多个参数间使用逗号进行分隔。

(3) expression：必选参数，用于指定一个实现具体功能的表达式。如果有参数，那么在该表达式中将应用这些参数。

【示例 5-44】定义一个计算圆面积的函数。

```
import math                 # 导入 math 模块
def circlearea(r):          #定义计算圆的面积的函数
   result = math. pi * r * r  # 计算圆的面积
return result               # 返回圆的面积
r= 10                       # 半径
   print('半径为',r,'的圆面积为:',circlearea(r))
```

执行结果：

```
半径为 10 的圆面积为:314. 1592653589793
```

使用 lambda 表达式的代码如下：

```
import math                                 #导入 math 模块
r=10                                        # 半径
result_lambda= lambda r:math. pi * r * r    # 计算圆的面积的 lambda 表达式
print('半径为',r,'的圆面积为:',result_lambda(r))
```

执行结果：

```
半径为 10 的圆面积为:314. 1592653589793
```

5.3.6 内建函数

Python 语言中自带的函数称为内建函数(Built-In Function)。Python 语言提供了大量的内建函数,如 dir()、type()等。这些内建函数对大部分常用操作进行了有效封装,可以直接调用,为开发者提供了极大便利。由于内建函数是 Python 语言内置的函数,因此不需要导入任何函数库即可直接调用。常用的内建函数见表 5.3。

表 5-3 常用的内建函数

abs()	dict()	help()	min()	setattr()
all()	dir()	hex()	next()	slice()
any()	divmod()	id()	object()	sorted()
asii()	enumerate()	input()	oct()	staticmethod()
bin()	eval()	int()	open()	str()
bool()	exec()	isinstance()	ord()	sum()
bytearray()	filter()	issubclass()	pow()	super()
bytes()	float()	iter()	print()	tuple()
callable()	format()	len()	property()	type()

表 5-3(续)

chr()	frozenset()	list()	range()	vars()
classmethod()	getattr()	locals()	repr()	zip()
compile()	globals()	map()	reversed()	_import_()
complex()	hasattr()	max()	round()	
delattr()	hash()	memoryview()	set()	

在 Python 语言中,除了内建函数外提供的其他类型函数通常称为第三方函数。第三方函数一般是其他开发者或组织针对某些特定需求编写的函数库,并共享给大家使用。Python 语言之所以如此强大,也正是得益于其丰富的第三方函数库。不管是内建函数还是第三方函数,在 Python 语言中都可以非常方便地使用。

要成功调用内建函数,首先要知道函数的名称和参数列表信息。比如求绝对值的函数 abs()有一个数值类型的参数。要详细了解函数信息、参数及返回情况,可以查阅 Python 官方文档。当然,也可以在交互命令模式下通过 help 命令查看内建函数的帮助信息。例如,使用 help(abs)命令可以查看 abs()函数的详细信息。其他内建函数的查阅方法与此类似。下面代码示例演示了 abs()函数的调用过程。

【示例 5-45】

```
In [1]: abs(100)
Out[1]: 100

In [2]: abs(-100)
Out[2]: 100
```

在 Python 语言提供的内建函数中,有很多函数支持任意多个参数。例如内建函数 max()可以接收任意多个数并返回其中的最大值。代码示例如下所示:

【示例 5-46】

```
max(0,4,-5,34,-23)
```

执行结果:

```
34
```

从上面代码可以看出,内建函数 max()可以同时返回多个数值的最大值,其他编程语言中的类似函数一般只能接收两个变量。

Python 语言常用的内建函数还包括数值类型转换函数。在实际开发中,涉及大量的类型转换需求,开发者需要掌握这些转换技巧。

在 Python 语言中,还可以把函数名赋给变量,相当于给函数起了别名。代码示例如下所示:

【示例 5-47】

```
In [1]: a=abs

In [2]: a(-1)
Out[2]: 1
```

Python 中提供了很多内建函数,在此不一一列出。内建函数功能强大,理解并熟练掌握能较大提升开发效率。

5.3.7　自定义函数

当内建函数不能满足要求时,开发者可以根据实际需要自定义函数。自定义函数后,开发者可以在其他代码中通过函数名进行调用。下面的代码示例演示了自定义函数 printme( )的定义和调用过程。

【示例 5-48】

```
In [1]: def printme(str):
   ...:        #打印传入的字符串
   ...:        print(str);
   ...:        return;
...: #调用函数
...: printme('调用自定义函数');
...: printme('再次调用自定义函数')
#调用自定义函数
#再次调用自定义函数
```

上面代码中,自定义了函数 printme( ),并调用两次,测试其相应功能。在实际开发中,涉及大量的自定义函数。在自定义函数中,也可以调用内建函数或其他自定义函数。自定义函数和内建函数的定义方式是相同的,只不过自定义函数是由开发者定义的,而内建函数是由系统定义的。两者的调用方式都是一样的。

在 Python 语言中,内建函数可以直接使用,第三方函数需要使用 import 命令导入相应的库才能使用。对于自定义函数,定义和调用可以在同一个文件夹中,也可以分成不同的文件夹。

第 6 章　数值计算工具 NumPy

NumPy 库是 Python 中科学计算的基础软件包。它可以提供多维数组对象、多种派生对象(如掩码数组、矩阵)及用于快速操作数组的函数和 API,包括数学、逻辑、数组形状变换、排序、选择、I/O、离散傅里叶变换、基本线性代数、随机模拟等。本章包含了 NumPy 库简介与安装、NumPy 数组的基本操作、矩阵运算、symPy 符号计算、统计分析等内容,旨在说明如何灵活利用 NumPy 解决各类问题。

6.1　NumPy 库简介与安装

标准安装的 NumPy 库使用列表(list)保存一组值,可以当作数组使用,列表的元素可以是任何对象,因此列表中保存的是对象的指针。例如,为了保存一个简单的[1,2,3],需要有 3 个指针和 3 个整数对象。对于数值运算来说,这种结构显然比较浪费内存和 CPU 计算时间。此外 Python 还提供了一个 array 模块。array 对象和列表不同,它直接保存数值,但是它不支持多维,也没有各种运算函数,因此并不适合用于数值运算,而 NumPy 库弥补了这些不足。NumPy 库提供了两种基本的对象:ndarray(n-dimensional array object)和 ufunc(universal function object)。ndarray(下文统一称之为数组)是存储单一数据类型的多维数组,而 ufunc 则是能够对数组进行处理的函数。

NumPy 库是 Python 中的一个线性代数库,Scipy(scientific python)、Matplotlib(plotting library)、Scikit-learn 等都在一定程度上依赖 NumPy。

NumPy 库的安装比较简单,在安装了 Anaconda 后,基本的 NumPy 库就已经安装完毕。可以通过 Anaconda 选项下的 Anaconda Prompt 执行 conda list 命令查看所安装的包,如图 6-1 所示。

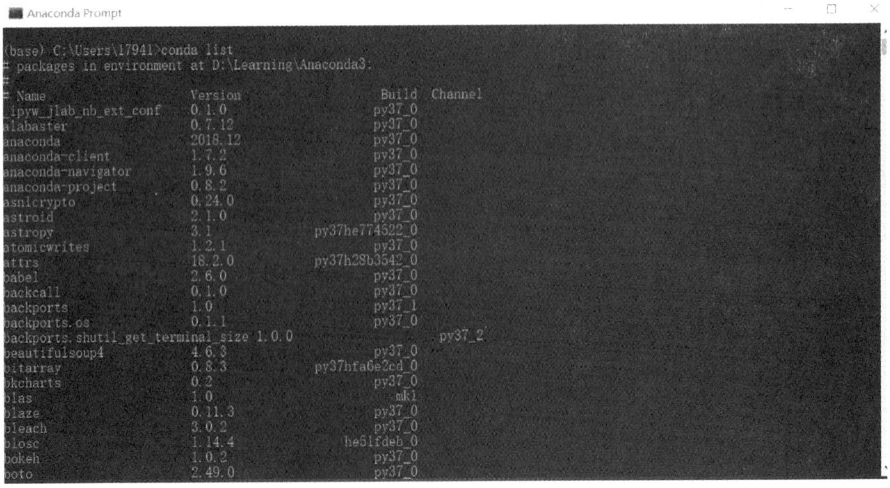

图 6-1　查看 Anaconda 所安装的包

如果列表中没有 NumPy 库,可直接继续执行命令:

```
conda install numpy。
```

对数组执行运算和逻辑运算时,NumPy 库是非常有用的。在用 Python 对 n 维数组和矩阵进行运算时,NumPy 库提供了大量的有用特征。NumPy 库数组有两种形式:向量和矩阵。严格地讲,向量是一维数组,矩阵是多维数组。在某些情况下,矩阵只有一行或一列。在导入 NumPy 库时,可以通过 as 将 np 作为 NumPy 的别名,导入方式如下:

```
import numpy as np
```

6.2　NumPy 数组的基本操作

6.2.1　数组创建与索引

1. 数组的建立

从 Python 列表中创建 NumPy 数组,示例如下:

【示例 6-1】

```
import numpy as np
my_list=[1,2,3,4,5]
my_numpy_list=np.array(my_list)
```

执行结果:

```
[1 2 3 4 5]
```

经过上述命令,已经将一个列表转换成一维数组。想要得到二维数组,则需要创建一个包含列表为元素的列表,如下所示:

【示例 6-2】

```
second_list=[[1,2,3],[5,4,1],[3,6,7]]
new_2d_arr=np.array(second_list)
print(new_2d_arr)
```

执行结果:

```
[[1 2 3]
[5 4 1]
[3 6 7]]
```

需要将数组转化为列表时,可使用 tolist() 函数。

【示例 6-3】

```
c=np.array([[1,2,3,4],[4,5,6,7],[7,8,9,10]])
print(c)
print(c.tolist())
```

执行结果:

```
[[ 1  2  3  4]
[ 4  5  6  7]
[ 7  8  9 10]]
[[1, 2, 3, 4], [4, 5, 6, 7], [7, 8, 9, 10]]
```

还可以通过给 array 函数传递 Python 的序列对象来创建数组,如果传递的是多层嵌套的序列,将创建多维数组,如下面示例的变量 c。

【示例 6-4】

```
import numpy as np
a=np.array([1,2,3,4])
b=np.array([5,6,7,8])                          #一维数组
c=np.array([[1,2,3,4],[4,5,6,7],[7,8,9,10]])   #多维数组

c
```

执行结果:

```
array([[ 1,  2,  3,  4],
[ 4,  5,  6,  7],
[ 7,  8,  9, 10]])

c.dtype     #查看 c 的数据类型
```

执行结果:

```
dtype('int32')
```

接着查看数组维度:

```
a.shape
```

执行结果:

```
(4,)
```

输入:

```
c.shape
```

执行结果：

```
(3, 4)
```

数组 a 的 shape 只有一个元素 4，因此它是一个一维数组。而数组 c 的 shape 有两个元素，因此它是二维数组，其中第 0 轴的长度为 3，第一轴的长度为 4，如图 6-2 所示。

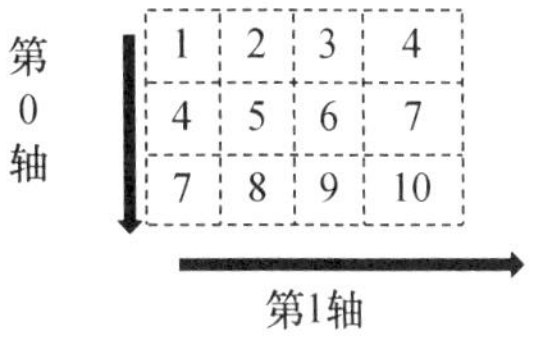

图 6-2　二维数组轴图

还可以通过修改数组的 shape 属性，在保持元组个数不变的情况下，改变数组每个轴的长度，其中数组元素在内存中的位置没有改变。

【示例 6-5】改变数组 shape 属性。

```
c.shape=4,3
c
```

执行结果：

```
array([[ 1,  2,  3],
[ 4,  4,  5],
[ 6,  7,  7],
[ 8,  9, 10]])
```

当某个轴的长度为-1 时，相当于占位符，这个位置上将根据数组元素的个数自动计算此轴的长度，因此下面的代码将数组 c 的 shape 改为了(2,6)。

```
c.shape=2,-1
c
```

这里的 6 不需人工计算，以-1 替代，由计算机自动计算填充。执行结果：

```
array([[ 1,  2,  3,  4,  4,  5],
[ 6,  7,  7,  8,  9, 10]])
```

使用数组的 reshape 方法，可以创建一个改变了尺寸的新数组，原数组的尺寸不变。

【示例 6-6】

```
d=a.reshape((2,2))
d
```

执行结果：

```
array([[1, 2],
    [3, 4]])
```

使用 reshape 方法新生成的数组和原数组共用一个内存，不管改变哪个都会相互影响，所以数组 a 和 d 其实共享数据存储内存区域，因此修改其中任意一个数组的元素都会同时修改另一个数组内容。

数组的元素类型可以通过 dtype 属性获得。上面例子中的参数序列的元素都是整数，因此所创建的数组的元素类型也是整数，并且是 32 bit 的长整型。可以通过 dtype 参数在创建时指定元素类型。

【示例 6-7】

```
np.array([[1,2,3,4],[4,5,6,7],[7,8,9,10]],dtype=np.float)
```

执行结果：

```
array([[ 1.,   2.,   3.,   4.],
       [ 4.,   5.,   6.,   7.],
       [ 7.,   8.,   9.,  10.]])
```

当想知道一个数组包含多少个数据时，可以用 size 来查询。

【示例 6-8】

```
d=np.array([[1,100],[3,4]])
d.size
```

执行结果：

```
4
```

下面利用 len 查询元素个数：

```
len(d)
```

执行结果：

```
2
```

注意：len 指元素的个数，size 指数据的个数，元素可以包含多个数据。

NumPy 也提供了很多专门用来创建数组的函数。arange() 函数类似于 Python 的内置 range() 函数。下面示例产生一个 0~0.1 且步长为 0.1 的序列。

【示例 6-9】

```
np.arange(0,1,0.1)
```

执行结果：

```
array([0. , 0.1, 0.2, 0.3, 0.4, 0.5, 0.6, 0.7, 0.8, 0.9])
```

linspace() 函数通过指定开始值、终止值和元素个数创建一维数组，可以通过 endpoint 关键字指定是否包括终止值，默认设置是包括终止值。

【示例 6-10】

```
np.linspace(0,1,12)
```

执行结果：

```
array([0. , 0.09090909, 0.18181818, 0.27272727, 0.36363636,
```

```
0.45454545, 0.54545455, 0.63636364, 0.72727273, 0.81818182,
0.90909091, 1.        ])
```

logspace()函数和 linspace()函数类似,可以通过它创建等比数列。

下面的代码产生 1~100(即 10 ** 2)中 20 个元素的等比数列。

【示例 6-11】

```
np.logspace(0,2,20)
```

执行结果:

```
array([   1.   ,   1.27427499,   1.62377674,   2.06913808,
          2.6366509 ,   3.35981829,   4.2813324 ,   5.45559478,
          6.95192796,   8.8586679 ,  11.28837892,  14.38449888,
         18.32980711,  23.35721469,  29.76351442,  37.92690191,
         48.32930239,  61.58482111,  78.47599704, 100.        ])
```

还可以通过 zeros()和 ones()函数创建多维数组。zeros()函数生成元素全为 0,ones()函数生成元素全为 1。

【示例 6-12】

```
import numpy as np
my_zeros=np.zeros(5)
my_zeros
```

执行结果:

```
array([0., 0., 0., 0., 0.])
```

【示例 6-13】

```
two_zeros=np.zeros((3,5))
two_zeros
```

执行结果:

```
array([[0., 0., 0., 0., 0.],
       [0., 0., 0., 0., 0.],
       [0., 0., 0., 0., 0.]])
```

要创建一个一维数组,并且把元素 3 重复 4 次,可以使用 repeat()函数。

【示例 6-14】

```
np.repeat(3,4)
```

执行结果:

```
array([3, 3, 3, 3])
```

利用 np. full(shape, val) 函数创建多维数组,每个元素值均填充为 val。

【示例 6-15】

```
np.full((2,3),8)
```

执行结果:

```
array([[8, 8, 8],
       [8, 8, 8]])
```

生成单位矩阵可以使用 eye( ) 函数。单位矩阵是一个二维的方阵,在这个矩阵中列数与行数相等,它的对角线都是 1,其他均为 0。

【示例 6-16】

```
my_matrx=np.eye(3)
my_matrx
```

执行结果:

```
array([[1., 0., 0.],
       [0., 1., 0.],
       [0., 0., 1.]])
```

随机数组成的数组可以使用 rand( )、randn( )或 randint( ) 函数生成。np. random. rand( ) 可以生成一个 0~1 均匀产生的随机数组成的数组。

【示例 6-17】

```
import numpy as np
my_rand=np.random.rand(4)
my_rand
```

执行结果:

```
array([0.02868444, 0.45007667, 0.79174146, 0.19930825])
```

【示例 6-18】生成一个 5 行 4 列的二维数组的代码。

```
my_rand=np.random.rand(5,4)
my_rand
```

执行结果:

```
array([[0.78515357, 0.39296293, 0.20198801, 0.82287626],
       [0.83544116, 0.35282758, 0.86914619, 0.76609883],
       [0.84459596, 0.53936317, 0.07312958, 0.23463887],
       [0.16052925, 0.29867587, 0.61302108, 0.97070287],
       [0.50788232, 0.83024766, 0.59657465, 0.06301232]])
```

np. random. randn( )可以从以 0 为中心的标准正太分布或高斯分布中产生随机样本。

【示例 6-19】

```
my_randn=np.random.randn(7)
my_randn
```

执行结果：

```
array([-0.06188085, -0.65851238,  0.62464382,  1.31926969, -0.99356882,
   -0.08881695,  0.09336672])
```

同样,可以创建一个 3 行 5 列的二维数组,代码如下：

```
np.random.randn(3,5)
```

执行结果：

```
array([[ 0.05467544,0.9856594 , -0.497663,0.94566845, -2.15027801],
       [ 1.34241075,0.15462732, -0.32797662,1.88773588, -0.06305959],
       [ 0.43310846,0.85031938, -2.12727066,0.25750489, -0.92400843]])
```

np. random. randint( )在半闭半开区间[low,high)上生成离散均匀分布的整数值;若 high=None,则取值区间变为[0,low)。

【示例 6-20】

```
np.random.randint(20)
```

执行结果：

```
11
```

【示例 6-21】

```
np.random.randint(2,20)
```

执行结果：

```
6
```

【示例 6-22】

```
np.random.randint(10,high=None,size=(2,3))
```

执行结果：

```
array([[7, 4, 6],
       [3, 3, 7]])
```

其他创建数组的方法如下,可以通过 help( )函数来查询。

(1)np. empty((m,n)):创建 m 行 n 列且未初始化的二维数组。

(2)np. ones_like(a):根据数组 a 的形状生成一个元素全为 1 的数组。

(3)np. zeros_like(a):根据数组 a 的形状生成一个元素全为 0 的数组。

(4)np. full_like(a,val):根据数组 a 的形状生成一个元素全为 val 的数组。

(5)np. empty((2,3),np. int):只分配内存,不进行初始化。

2. 数组的索引

要对数组里的元素进行操作,首先是要能够通过索引查询元素,即通过索引得到每个维度一个索引值,用逗号分隔。

【示例 6-23】

```
import numpy as np
a=np. random. randint(2,100,24). reshape((3,8))
a
```

执行结果:

```
array([[18, 27, 16, 11, 44, 36, 25,8],
       [75, 28, 82, 77, 11,2, 26, 51],
       [57, 78, 30, 97, 68, 40, 86, 48]])
```

访问索引号为[2,6]位置上的元素:

```
a[2,6]
```

执行结果:

```
86
```

将 a 改为三维数组:

```
b=a. reshape((2,3,4))
b
```

执行结果:

```
array([[[18, 27, 16, 11],
       [44, 36, 25,  8],
       [75, 28, 82, 77]],

        [[11,  2, 26, 51],
       [57, 78, 30, 97],
       [68, 40, 86, 48]]])
```

访问索引号为[1,2,3]位置上的元素:

```
b[1,2,3]
```

执行结果:

```
48
```

访问数组元素的操作还可以访问符合条件的元素,如条件为 c[x][y]:

```
c[:,2][c[:,0]<5]
```

执行结果:

```
array([3, 6])
```

说明:a[x][y]表示访问符合 x、y 条件的 a 的元素。例如[:,2]表示取所有行的第 3 列(第 3 列索引号为 2),[c[:,0]<5]表示取第 1 列(第 1 列索引号为 0)值小于 5 所在的行(第 1、2 行),最终表示取第 1/2 行的第 3 列,得到结果 array([3,6])这个“子”数组。

在访问数组时,经常要查找符合条件元素的位置,这时可以用 where()函数。

【示例 6-24】

```
np.where(c==4)
```

执行结果:

```
(array([0, 1], dtype=int64), array([3, 0], dtype=int64))
```

这里需要注意的是[0,1]和[3,0]并不是找到的位置,而是一个表示坐标的元组,元组的第一个数组表示查询结果的行坐标,第二个数组表示结果的列坐标,即找到的位置为 c[0,3]和 c[1,0](或者 c[0][3]和 c[1][0])。

6.2.2 数组元素类型的转换

当需要对数组中的数据进行数据类型转换时,常用 astype 方法。

1. 转换数据类型

【示例 6-25】

```
import numpy as np
q=np.array([1.1,2.2,3.3,4.4,5.3221])
q.astype(int)
```

执行结果:

```
array([1, 2, 3, 4, 5])
```

如果将浮点数转换为整数,则小数部分会被截断。

2. 字符串数组转换为数值型

【示例 6-26】

```
s=np.array(['1.2','2.3','3.214'])
s.astype(float)
```

执行结果:

```
array([1.2  , 2.3  , 3.214])
```

此处给的是 float,而不是 np. float64,NumPy 会将 Python 类型映射到等价的 dtype 上。

6.2.3 数组的拼接

vstack()和 hstack()方法可以实现两个数组的拼接。np. vstack((a,b))将数组 a、b 竖直拼接。np. hstack((a,b)将数组 a、b 水平拼接。

【示例 6-27】

```
import numpy as np
a=np. full((2,3),1)
b=np. full((2,3),2)
np. vstack((a,b))#将数组竖直拼接
```

执行结果:

```
array([[1, 1, 1],
[1, 1, 1],
[2, 2, 2],
[2, 2, 2]])
```

将数组水平拼接:

```
np. hstack((a,b))#
```

执行结果:

```
array([[1, 1, 1, 2, 2, 2],
[1, 1, 1, 2, 2, 2]])
```

6.2.4 数组的切分

vsplit()和 hsplit()方法可以实现对数组的"切分",返回的是列表。np. vsplit(a,v)将数组 a 在水平方向切成 v 等分。np. hsplit(a,v)将数组 a 在竖直方向切成 v 等分。

【示例 6-28】

```
import numpy as np
c=np. array([[1,2,3,4],[4,5,6,7],[7,8,9,10]])
np. vsplit(c,3)
```

执行结果:

```
[array([[1, 2, 3, 4]]), array([[4, 5, 6, 7]]), array([[ 7,  8,  9, 10]])]
```

竖直方向切分:

```
np.hsplit(c,2)
```

执行结果：

```
[array([[1, 2],
       [4, 5],
       [7, 8]]), array([[ 3,  4],
       [ 6,  7],
       [ 9, 10]])]
```

6.2.5 数组删除行列

对数组的删除可以利用切片查找的方法，生成一个新的数组；或者先对数组利用函数 split()、vsplit()、hsplit()进行分割，再取其切片 a=a[0]赋值的方法；或者利用 np.delete()函数。np.delete()函数格式如下：

```
np.delete(arr,obj,axis=None)
```

【示例 6-29】

```
import numpy as np
a=np.array([[1,2],[3,4],[5,6]])
np.delete(a,1,axis=0)      #删除 a 的第 2 行
```

执行结果：

```
array([[1, 2],
       [5, 6]])
```

要删除 a 的第 2 列，也可以采用 split()方法。

```
a=np.split(a,2,axis=1)
a[0]
```

执行结果：

```
array([[1],
       [3],
       [5]])
```

6.2.6 数组的复制

在进行数据处理前，为了保证数据的安全，一般都要对数据进行复制。函数 view()和 copy()可以复制数组，其中 c=a.view()代表 c 是对 a 的浅复制，两个数组不同，但数据共

享。d=a. copy( )代表 d 是对 a 的深复制,两个数组不同,数据不共享。

【示例 6-30】

```
import numpy as np
a=np. array([[1,2],[3,4],[5,6]])
c=a. view()
c
```

执行结果:

```
array([[1, 2],
       [3, 4],
       [5, 6]])
```

利用 copy 对数组 a 进行复制:

```
d=a. copy()
d
```

执行结果:

```
array([[1, 2],
       [3, 4],
       [5, 6]])
```

注意:若将数组 a 的值直接赋值给数组 b,则 b 和 a 指向同一个数组;若修改数组 a 或者 b 的某个元素,a 和 b 都会改变;若想数组 a 和 b 不关联且不被修改,则可利用 b=a. copy( )为 b 单独生成一份复制。

6.2.7 数组的排序和查找最值

在处理数据时,常会对数据进行按行或列排序,或者需要引用排序后的索引等,可以使用 sort( )命令进行排序。

【示例 6-31】

```
import numpy as np
a=np. array([[1,3],[4,2],[8,6]])
j=np. argsort(a)
j
```

执行结果:

```
array([[0, 1],
       [1, 0],
       [1, 0]], dtype=int64)
```

数据分析需用到寻找数据的最大值、最小值,并返回最值的位置,可以利用如下命令:

(1)np.argmax(a,axis=0):查找每列最大值位置。

(2)np.argmin(a,axis=0):查找每列最小值的位置。

(3)max(axis=0):查找每列的最大值。

(4)min(axis=0):查找每列最小值。

6.2.8　数据的读取与存储

1. np.save()或 np.savez()

要保存一个数组到一个二进制文件中可以使用 save()或者 savez()方法。NumPy 库为 ndarray 对象引入了一个简单的文件,即 npy 文件。npy 文件在磁盘文件中,用于存储重建 ndarray 所需的数据、图形、dtype 和其他信息,以便正确获取数组,即使该文件在具有不同架构的另一台计算机上。其格式如下。

```
np.save(file,arr,allow_pickle=True,fix_imports=True)
```

其中:

(1)file:文件名/文件路径。

(2)arr:要存储的数组。

(3)allow_pickle:布尔值,允许使用 Python pickles 保存对象数组(默认即可)。

(4)fix_imports:为了方便在 Python 2 中读取 Python 3 保存的数据(默认即可)。

读取保存后的数据可使用 np.load()方法。np.load(file)可以从 file(文件名/文件路径)文件读取数据。

【示例 6-32】

```
import numpy as np
c=np.array([[1,2,3,4],[4,5,6,7],[np.nan,8,9,10]])
np.save('save_1.npy',c)
f=np.load('save_1.npy')
```

执行结果:

```
array([[ 1.,  2.,  3.,  4.],
       [ 4.,  5.,  6.,  7.],
       [nan,  8.,  9., 10.]])
```

np.savez()同样可以保存数组到一个二进制的文件中,并且可以保存多个数组到同一个文件中,保存的文件格式是.npz。它其实就是多个 np.save()保存的 npy,再通过打包(未压缩)的方式把这些文件压缩成一个文件,解压 npz 文件就能看到是多个 npy 文件。其格式如下。

```
np.savez(file,*args,**kwds)
```

其中：

(1)file：文件名/文件路径。

(2) * args：要存储的数组，可以为多个，如果没有指定 key，NumPy 将默认以 'arr_0''arr_1' 方式命名。

(3)kwds：默认即可。

2. np. savetxt( )

np. savetxt( )保存数组到文本文件中，以便于直接打开查看文件里面的内容，其格式如下：

```
np.savetxt(fname,X,fmt='%.18e',delimiter=' ',newline='\n',header='',footer='',
comments='# ',encoding=None)
```

其中：

(1)fname：文件名/文件路径，如果文件后缀是“. gz”，文件将被自动保存为“. gzip”格式，np. loadtxt 可以识别该格式。csv 格式文件可以用此方式保存。

(2)X：要存储的 1D 或 2D 数组。

(3)fmt：控制数据存储的格式。

(4)delimiter：数据列之间的分隔符。

(5)newline：数据行之间的分隔符。

(6)header：文件头部写入的字符串。

(7)footer：文件底部写入的字符串。

(8)comments：文件头部或尾部字符串的开头字符，默认是“#”。

(9)encoding：使用默认参数。

使用 loadtxt( )方法读取该模式下的数据：

```
np.loadtxt(fname,dtype=<class'float'>,comments='#',delimiter=None,converters=
None)
```

其中：

(1)fname：文件名/文件路径，如果文件后缀是“. gz”或“. bz2”，文件将被解压，然后载入。

(2)dtype：要读取的数据类型。

(3)comments：文件头部或者尾部字符串的开头字符，用于识别头部、尾部字符串。

(4)delimiter：划分读取数据值的字符串。

(5)converters：数据行之间的分隔符。

【示例 6-33】

```
import numpy as np
c=np.array([[1,2,3,4],[4,5,6,7],[np.nan,8,9,10]])
a=np.array([[1,3],[4,2],[8,6]])
np.savetxt('save_txt.out',c)
np.loadtxt('save_txt.out')
```

执行结果：

```
array([[ 1.,   2.,   3.,   4.],
       [ 4.,   5.,   6.,   7.],
       [nan,   8.,   9.,  10.]])
```

需要说明的是，CSV 文件只能存储一维数组和二维数组。np. savetxt( ) 与 np. loadtxt( ) 只能存取一维数组和二维数组。

3. tofile( )

tofile( )可以进行多维数组的存取。多维数组的存储格式如下：

```
a.tofile(fname,sep='',format='%s')
```

其中：

(1) fname：文件名/文件路径。

(2) sep：数据分割字符串，如果是空串，写入文件为二进制。

(3) format：写入数据的格式。

多维数组的读取格式如下：

```
np.fromfile(fname,dtype=np.float,count=-1,sep='')
```

其中：

(1) fname：文件名/文件路径。

(2) dtype：读取的数据类型。

(3) count：读取元素个数，-1 表示读入整个文件。

(4) sep：数据分割字符串，如果是空串，写入文件为二进制。

【示例 6-34】

```
import numpy as np
c=np.array([[1,2,3,4],[4,5,6,7],[np.nan,8,9,10]])
d=c.reshape((2,3,2))
d.tofile('1.dat',sep=',',format='%s')                #存储多维数组
np.fromfile('1.dat',dtype=np.float,count=-1,sep=',')   #读取数据
```

执行结果：

```
array([ 1.,  2.,  3.,  4.,  4.,  5.,  6.,  7., nan,  8.,  9., 10.])
```

程序会读出为一维数组，利用下述命令可以读取多维数组：

```
np.fromfile('1.dat',dtype=np.float,count=-1,sep=',').reshape((2,3,2))
```

执行结果：

```
array([[[ 1.,  2.],
        [ 3.,  4.],
```

```
[ 4. ,  5. ]],
[[ 6. ,  7. ],
[nan,  8. ],
[ 9. , 10. ]]])
```

注意:保存多维数组时维度会转化为一维。

6.3 矩阵运算

6.3.1 矩阵的基本运算

NumPy 库中的 ndarray 对象重载了许多运算符,使用这些运算符可以完成矩阵间元素的运算。例如 np. add(a+b)可以求 a、b 相加,np. subtract(c, d) 可以求 c、d 相减。但是矩阵的乘法运算比较特殊,如果使用乘号(*),则是两个矩阵对应位置上的元素相乘,这跟线性代数里面说的矩阵乘法不一样,线性代数中所说的矩阵乘法要满足特定条件,即第一个矩阵的列数等于第二个矩阵的行数。矩阵乘法在 NumPy 库中使用的函数为 np. dot( ),利用 np. dot(b,c)可以求矩阵 ***b***、***c*** 的乘积。

【示例 6-35】

```
import numpy as np
b=np. mat('1 2;4 3')
a=np. array([[1,3],[4,2]])
c=np. mat(a)   #将数组转化为矩阵
d=np. dot(c,b)   #对矩阵 c、b 做线性代数矩阵乘法

d
```

执行结果:

```
matrix([[13, 11],
        [12, 14]])
```

6.3.2 矩阵的逆与行列式

下述指令可以求矩阵的逆与行列式。

(1)b. T:将矩阵 ***b*** 转置。

(2)np. trace(b):求矩阵 ***b*** 的迹。

(3)np. linalg. det(b):求矩阵 ***b*** 的行列式值。

(4)np. linalg. matrix_rank(b):求矩阵 ***b*** 的秩。

(5)nlg. inv(b):求矩阵 ***b*** 的逆。

【示例 6-36】

矩阵的转置:

```
d.T
```

执行结果:

```
matrix([[13, 12],
        [11, 14]])
```

矩阵的迹:

```
np.trace(d)
```

执行结果:

```
27
```

矩阵的行列式:

```
np.linalg.det(b)
```

执行结果:

```
-4.999999999999999
```

求矩阵的逆:

```
np.linalg.inv(b)
```

执行结果:

```
matrix([[-0.6,  0.4],
        [ 0.8, -0.2]])
```

求矩阵的秩

```
np.linalg.matrix_rank(b)
```

执行结果:

```
2
```

6.3.3　矩阵的特征值与特征向量

下述指令可以求矩阵的特征值与特征向量。

(1)u,v=np.linalg.eig(b):一般情况的特征值分解,常用于实对称矩阵,u 为特征值。

(2)u,v=np.linalg.eigh(b):与 eig()相比速度更快且更稳定,但输出值的顺序和 eig()相反,***v*** 为特征向量。

【示例 6-37】求特征值和特征向量。

```
u,v=np.linalg.eig(b)
```

```
u
```

执行结果：

```
array([-1.,  5.])
```

输入：

```
v
```

执行结果：

```
matrix([[-0.70710678, -0.4472136 ],
        [ 0.70710678, -0.89442719]])
```

6.3.4 线性方程组求解

在数据分析和深度学习的数据处理和运算中，线性代数模块是最常用的模块之一。

结合 NumPy 库提供的基本函数，可以对向量、矩阵进行一些基本的应用计算，如使用 np.linalg.solve()函数计算线性方程组。

【示例 6-38】已知线性方程组 $\boldsymbol{AX}=\boldsymbol{B}$，求解 $\boldsymbol{X}$。其中 $\boldsymbol{A}$、$\boldsymbol{B}$ 如下：

$$\boldsymbol{A}=\begin{pmatrix}2 & 3\\ 3 & 5\end{pmatrix},\boldsymbol{B}=(1,1)^{\mathrm{T}}$$

求解的具体代码如下：

```
import numpy as np
A=np.mat('2 3;3 5')
B=np.mat('1 1').T
np.linalg.solve(A,B)
```

执行结果：

```
matrix([[ 2.],
        [-1.]])
```

即代码运行后的解为 2 和-1。

6.4 SymPy 符号计算

SymPy 是用于符号计算的工具库，其中的各种模块可以满足常用的计算需求，如代数、积分、离散数学、量子物理、画图与打印等。本节主要介绍其高等数学计算相关功能。

6.4.1 符号变量与表达式

使用 Python 的 SymPy 库进行符号计算，首先要建立符号变量及符号表达式。符号变量是构成符号表达式的基本元素,可以通过库中的 symbols( ) 函数创建多个符号变量,或使用 Symbol( ) 函数创建单个符号变量。

```
from sympy import *
x=symbols('x')
```

注意:在语句 x=symbols('x') 中,x 是符号变量的名称,而 'x' 则是符号变量的值,用于显示。符号变量的名称与符号变量的值不一定相同,例如下面代码示例所示,声明一个值为 'v' 的符号变量 var_v。

```
var_v=Symbol('v')
print(var_v)
```

执行结果:

```
v
```

如果需要定义多个符号变量有两种方法,一种方法是用空格或者逗号分隔的符号名称传入符号函数:

```
x,y,z=symbols('x y z')
```

另一种方法是以下面所示 x0:3 的形式传入符号函数,将生成一个 x0、x1、x2 的符号序列。

```
x0,x1,x2,x3=symbols('x0:4')
```

str.format( ) 是一种格式化字符串的函数,它增强了字符串格式化的功能。其基本语法是通过{}和:来代替以前的%。format( ) 函数可以接收无限个参数,位置可以不按顺序。创建符号表达式如下面代码示例所示。SymPy 中的符号方程不是用 = 或 == 表示的,而是用 Eq( ) 函数或者符号变量直接组合得到 expr 表示的。如下面代码示例所示。除了使用 Eq( ) 函数定义的符号表达式,开发者创建的其他符号表达式默认等于 0。

【示例 6-39】

```
from sympy import *
x,y,z=symbols('x y z')
expr1=y*sin(y**2)                        #创建第一个符号表达式
expr2=y**2+sin(y)*cos(y)+sin(z)          #创建第二个符号表达式
print('expr1=',expr1)
```

执行结果:

```
expr1= y*sin(y**2)
```

6.4.2 符号求导与积分

1. 求导

求导需要用到 sympy.diff 函数。下面是求一元表达式的一阶导的示例。

【示例 6-40】

```
import sympy
from sympy import symbols
from sympy. abc import *
sympy. diff(x * * 3,x)
```

执行结果：

$3x^2$

如果需要求导的表达式是多元表达式，则可求某指定符号的偏导，也可求全部符号的全导。

【示例 6-41】求偏导。

```
import sympy
from sympy import symbols
from sympy. abc import *
sympy. diff(x * * 2 * y * * 3,x)
```

执行结果：

$2xy^3$

【示例 6-42】求全导。

```
import sympy
from sympy import symbols
from sympy. abc import *
sympy. diff(x * * 2 * y * * 3,x,y)
```

执行结果：

$6xy^2$

【示例 6-43】求高阶偏导。

```
import sympy
from sympy import symbols
from sympy. abc import *
sympy. diff(x * * 2 * y * * 3,x,2)
```

执行结果：

$2y^3$

【示例 6-44】求高阶全导。

```
import sympy
from sympy import symbols
```

```
from sympy. abc import *
sympy. diff(x**2*y**3,x,2,y,2)
```

执行结果：

```
12y
```

2. 求积分

求积分时要用到 integrate 函数，可以求解定积分或不定积分。

【示例 6-45】求定积分 $\int_1^3 2x\mathrm{d}x$。

```
import sympy
from sympy. abc import *
sympy. integrate(2*x,(x,1,3))
```

执行结果：

```
8
```

【示例 6-46】求不定积分 $\int 2x\mathrm{d}x$。

```
import sympy
from sympy. abc import *
sympy. integrate(2*x,x)
```

执行结果：

x^2

【示例 6-47】求多重定积分。

计算多重积分时，var 变量传入多个元组，每个元组指定对应符号及取值区间范围，传入的元组数量不限。多重定积分的积分区域为 $D = \{(x,y) \mid a \leqslant x \leqslant b, c \leqslant x \leqslant d\}$。例如，定积分公式 $\int_c^d \mathrm{d}y \int_a^b (2x + y)\mathrm{d}x$ 的运算过程如下：

```
import sympy
from sympy. abc import *
sympy. integrate(2*x+y,(x,2,4),(y,5,8))
```

执行结果：

```
75
```

【示例 6-48】求多重不定积分。

计算多重积分时，var 变量只传入了符号，此时计算的是多重不定积分，即全导的逆计算过程,传入的符号数量不限,传入 2 个为二重积分,n 个即为 n 重积分。例如,多重不定积分 $\iint(2x+y)\mathrm{d}x\mathrm{d}y$ 运算过程如下:

```
import sympy
from sympy. abc import *
sympy. integrate(2 * x+y,x,y)
```

执行结果:

```
:x²y+xy2/2
```

6.5 统计分析

6.5.1 基本统计量计算

统计分析常用的统计函数见表 6-1。

表 6-1 统计分析常用的统计函数

函数	说明
sum	计算数组中的和
mean	计算数组中的均值
var	计算数组中的方差
std	计算数组中的标准差
max	计算数组中的最大值
min	计算数组中的最小值
argmax	返回数组中最大元素的索引
argmin	返回数组中最小元素的索引
cumsum	计算数组中所有元素的累计和
cumprod	计算数组中所有元素的累计积

注意:每个统计函数都可以按照行和列来统计计算;当 axis=1 时,表示沿着横轴(行)计算;当 axis=0 时,表示沿着纵轴(列)计算。下面以求和为例介绍基本统计计算的原理。

【示例 6-49】

```
import numpy as np
c=np. array([[1,2,3,4],[4,5,6,7],[7,8,9,10]])
np. sum(c)
```

执行结果：

```
66
```

计算沿着列求和：

```
np.sum(c,axis=0)
```

执行结果：

```
array([12, 15, 18, 21])
```

求所有元素累计和：

```
np.cumsum(c)
```

执行结果：

```
array([ 1,  3,  6, 10, 14, 19, 25, 32, 39, 47, 56, 66], dtype=int32)
```

求沿着行计算所在行的累计和：

```
np.cumsum(c,axis=1)
```

执行结果：

```
array([[ 1,  3,  6, 10],
       [ 4,  9, 15, 22],
       [ 7, 15, 24, 34]], dtype=int32)
```

6.5.2 概率分布与随机抽样

NumPy 提供了多种概率分布的函数，可以生成指定概率分布的随机样本。

【示例 6-50】二项分布。

```
import numpy as np
import matplotlib.pyplot as plt
n=100
p=0.7
a = np.random.binomial(n, p, size=10000)
plt.hist(a,bins=20,color='g',alpha=0.4,edgecolor='b')
```

执行结果：

```
plt.show()
```

绘图结果如图 6-3 所示。

【示例 6-51】泊松分布：在任意两个相等长度的区间内，事件发生的概率相等；事件在某一区间内是否发生与事件在其他区间上是否发生是独立的。设某站台平均每小时会经过 8 辆公共汽车：

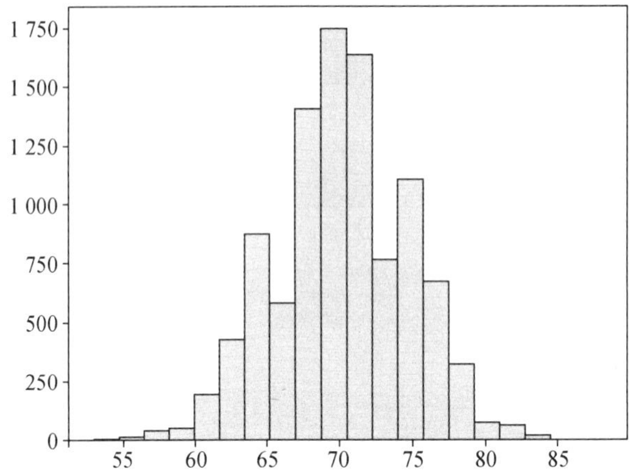

图 6-3　生成的随机样本

```
import numpy as np
import matplotlib. pyplot as plt
b = np. random. poisson(8,1000)#试验重复 1000 次
plt. hist(b,bins=16,color='g',alpha=0. 4,edgecolor='b')
print(plt. hist(b,bins=16,color='g',alpha=0. 4,edgecolor='b'))
plt. show()
```

绘图结果如图 6-4 所示。通过该图可以求解各个时间段经过 x 辆车的概率(例如求每小时经过 15 辆的概率,因为进行了 1 000 次,所以图片中 $x=15$ 对应的 $y/1\ 000$ 即所求概率)。

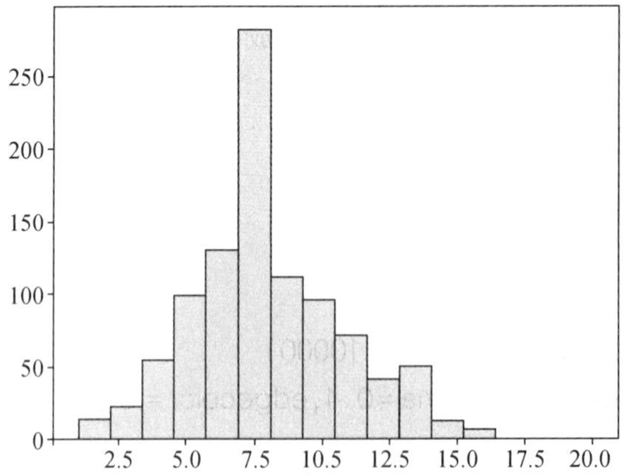

图 6-4　各时间段经过 x 辆车的概率

【示例 6-52】均匀分布:在任意相同长度间隔内分布概率相等的概率分布。

```
import numpy as np
import matplotlib. pyplot as plt
```

```
low=-1
high=1
size=100000
c=np.random.uniform(low,high,size)
print(plt.hist(c,bins=16,color='g',alpha=0.4,edgecolor='b'))
plt.show()
```

上述代码中,low 为下限,high 为上限,size 为取样数量。绘图结果如图 6-5 所示。从图中可以看出,在这个区间内生成的数基本持平(size 越大则越准确)。

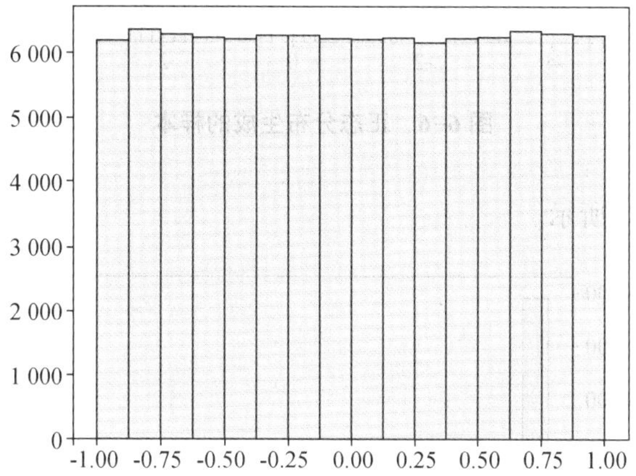

图 6-5　均匀分布生成的样本

【示例 6-53】正态分布:当二项分布的样本数量足够大时,其分布曲线会变成对称的钟形,我们将这种分布形态成为正态分布。

```
import numpy as np
import matplotlib.pyplot as plt
d = np.random.normal(loc=0,scale=1,size=100000)
plt.hist(d,bins=50,color='g',alpha=0.4,edgecolor='b')
plt.show()
```

绘图结果如图 6-6 所示。

【示例 6-54】指数分布:指数分布与泊松分布类似,泊松分布描述了每一个区间内事件发生的次数,而指数分布描述了事件发生的事件间隔长度。设某站台平均每小时经过 8 辆公共汽车,求两辆公共汽车间隔时间不超过 x 小时的概率。

```
import numpy as np
import matplotlib.pyplot as plt
e = np.random.exponential(1/8,10000)
plt.hist(e,bins=20,color='g',edgecolor='b',alpha=0.4)
plt.show()
```

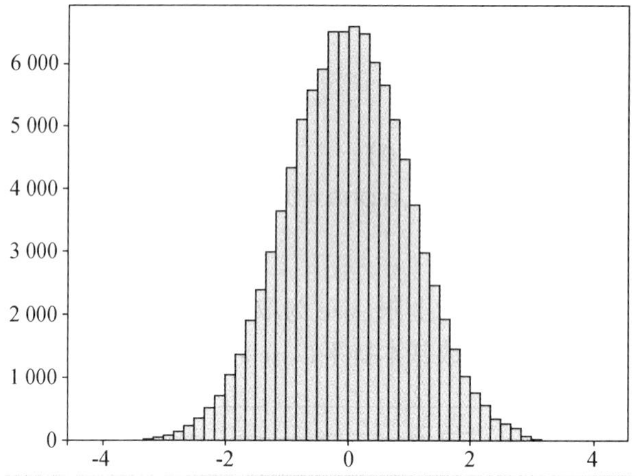

图 6-6　正态分布生成的样本

绘图结果如图 6-7 所示。

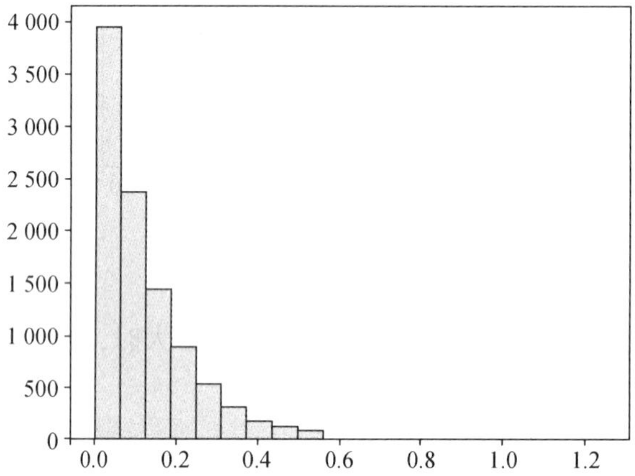

图 6-7　两辆公共汽车间隔时间不超过 x 小时的概率分布

第 7 章　科学计算工具 SciPy

SciPy 在 NumPy 的基础上增加了众多的数学计算、科学计算及工程计算中常用的模块，例如常微分方程数值求解、插值、优化、稀疏矩阵等。在本章中，将通过示例介绍 SciPy 中常用的一些模块。

7.1　常数和特殊函数

7.1.1　SciPy 中的数学常数

SciPy 的 constants 模块包含了众多的物理常数。

```
from scipy import constants as C
print(C.c)      # 真空中的光速
print(C.h)      # 普朗克常数
```

执行结果：

```
299792458.0
6.62607015e-34
```

在字典 physical_constants 中，以物理量名为键，对应的值是一个含有三个元素的元组，分别为常数值、单位及误差，例如下面的程序可以查看电子的质量。

```
print (C.physical_constants['electron mass'])
```

执行结果：

```
(9.1093837015e-31, 'kg', 2.8e-40)
```

除了物理常数之外，constants 模块中还包括许多单位信息，它们是 1 单位的量转换成标准单位时的数值。

7.1.2　特殊函数 special 的使用

SciPy 的 special 模块是一个非常完整的函数库，其中包含了基本数学函数、特殊数学函数以及 NumPy 中出现的所有函数。由于函数数量众多，本节仅对其中一个典型——伽马函数进行简要介绍。至于其具体所包含的函数列表，可以参考 SciPy 的帮助文档。

伽马函数 Γ 是概率统计学中经常出现的一个特殊函数，它的计算公式如下：

$$\Gamma(z)=\int_0^{\infty} t^{z-1}\mathrm{e}^{-t}\mathrm{d}t \tag{7-1}$$

显然,要通过此公式计算 Γ(z)的值是比较烦琐的,可以用 special 模块中的 gamma()进行计算:

```
import scipy.special as S
print(S.gamma(4))
print(S.gamma(0.5))
print(S.gamma(1+1j))
print(S.gamma(1000))
```

执行结果:

```
6.0
1.7724538509055159
(0.49801566811835474-0.15494982830181012j)
inf
```

Γ(z)函数是阶乘函数在实数和复数系上的扩展,它的增长速度非常快,1 000 的阶乘已经超过了双精度浮点数的表示范围,因此结果是无穷大。为了计算更大的范围,可以使用 gammaln()计算 ln(|Γ(z)|)的值,它使用特殊的算法,能直接计算 Γ 函数的对数值,因此可以表示更大的范围。

```
print(S.gammaln(1000))
```

执行结果:

```
5905.220423209181
```

special 模块中的某些函数并不是数学意义上的特殊函数,例如 log1p()函数计算 log(1+x)的值。由于浮点数的精度有限,无法很精确地表示非常接近 1 的实数,例如无法用浮点数表示 1+1e-20 的值,因此 log(1+1e-20)的值为 0,而当使用 log1p()时,则可以很精确地计算。

```
print(1+1e-20)
print(np.log(1+1e-20))
print(S.log1p(1e-20))
```

执行结果:

```
1.0
0.0
1e-20
```

7.2 数值积分

scipy.integrate 模块提供了数值积分和常微分方程组求解算法。其中,数值积分包含一重积分、多重积分及固定采样积分求解算法;常微分方程求解算法提供了一些基于 odeint 函数和 ode 类的方法。

7.2.1　一维数值积分方法

积分是数学中一个非常重要的概念,在实际应用中使用非常广泛。然而,传统计算积分问题是一项非常烦琐的过程,在工程应用中通常会利用 SciPy 等类似的数据分析工具。SciPy 库已经封装好大量用于计算各种积分的方法,通过熟练使用这些方法,可以在很大程度上提升工作效率。scipy. integrate 模块主要提供针对两类积分的求解方法:给定函数对象求积分、对固定采样样本数值求积分。

1. 给定函数对象求积分

一重积分求解方法如下:

```
quad(func, a, b, args=(),...)
```

quad()函数需要三个必要参数:被积函数、积分下限 a 和积分上限 b。其中,被积函数需要根据实际情况自行定义。args 为函数需要的额外参数。利用 quad()函数可实现以下积分函数的求解:

$$\int_0^2 x^n \mathrm{d}x \tag{7-2}$$

定义函数 x^n,其中 n 取任意整数。当 $n=1$ 时,被积函数为 x;当 $x=2$ 时,被积函数为 x^2;以此类推。其中,n 的值可以通过 quad 函数的 args 参数来传递。

【示例 7-1】

```
import numpy as np
from scipy. integrate import quad

def func(x, n):
    return x * * n                                      # 定义函数

down_limit = 0                                          # 定义积分上限
up_limit = 2                                            # 定义积分下限
result1 = quad(func, down_limit, up_limit, args=(1,))  # 调用函数 quad 求积分值
print('result1 =', result1)
result2 = quad(func, down_limit, up_limit, args=(2,))
print('result2 =', result2)
```

执行结果:

```
result1 = (2.0, 2.220446049250313e-14)
result2 = (2.666666666666667, 2.960594732333751e-14)
```

上述代码中的第 2 行导入了 integrate 模块中的一重积分求解方法 quad,第 3 和 4 行定

义了被积函数 x^n,第 7 和 9 行通过直接调用 integrate 模块的 quad 函数完成了积分函数的求解。quad 函数返回的结果是一个元组,元组中的第一个数是积分计算结果,第二个数是积分计算结果的绝对误差估计值。

从上面的求解过程中可以看出,利用 SciPy 进行一重积分的求解比较简单,只要定义出被积函数即可。因此,利用 scipy. integrate 模块大大简化了使用编程指令进行积分计算的处理过程。

2. 对固定采样样本数值求积分

采样也称取样,是指把时间域或空间域的连续量转换成离散量的过程。在数学中,函数的积分值就是函数与坐标轴围成的图形的面积。因此,在把连续量转换成离散量后,就可以采用分割法求每部分面积,然后求累计值,进而估计出函数的积分值。

表 7-1 列出了模块中提供的对固定采样样本数值求积分的常用方法。

表 7-1　对固定采样样本数值求积分的常用方法

方法名	描述
trapz	采用梯形法则求积分
cumtrapz	采用梯形法则求累计积分
simpz	采用辛式法则从样本中计算积分
romb	采用 Romberg 积分法从(2^k+1)均匀间隔样本中计算积分

下面通过 trapz 方法介绍固定采样样本数值求积分的过程。trapz 方法定义如下:

```
trapz(y, x=None, dx=1.0, axis= - 1)
```

其中,被积分的数值序列 y 是 trapz 方法调用时的必要参数,其他几个参数都是可选的参数。x 为 y 中元素的间距;dx 为标量,默认为 1;axis 为积分轴,整数类型。

【示例 7-2】以 $y=x^2(0\leqslant x\leqslant 2)$ 与 x 轴的正半轴围成的图形为例,利用 trapz 方法计算积分值。

```
from scipy. integrate import trapz
import numpy as np

def func(x, n):
    return x* *n


N = 2000
x = np. linspace(0, 2, N)            # 在[0, 2]区间取 2 000 个离散值
y = func(x, 2)                       # 计算 x 中离散值对应的 y 值
result = trapz(y, x)                 # 调用 trapz 方法计算积分值
print('result = ', result)
```

执行结果：

```
result =  2.6666670003335837
```

利用 trapz 方法求得的积分值是非常准确的，并且求解的效率很高。此外，cumtrapz 方法也可用于求累计积分。

7.2.2 多维数值积分方法

使用 scipy.integrate 模块中的二重积分求解方法 dblquad 可以求解二重积分。二重积分求解方法 dblquad 的用法与一重积分求解方法 quad 基本类似。dblquad 函数的定义如下：

```
dblquad(func, a, b, gfun, hfun, args=(),...)
```

使用 dblquad 可以对 func(x,y) 函数进行二重积分。其中 a 和 b 是变量 x 的积分区间，gfun(x) ~ hfun(x) 是变量 y 的积分区间。其中，gfun 和 hfun 函数是以 x 为自变量的关于 y 的函数，func 是以 x 和 y 为自变量的函数。

下面以求解半球 $x^2+y^2+z^2=1(z>0)$ 的体积为例，介绍双重积分求解方法 dblquad 的用法。

【示例 7-3】

```
from scipy.integrate import dblquad
import numpy as np

def hemi_circle(x):
    return (1-x**2)**0.5                # 定义单位半圆曲线函数(y>=0)


def hemisphere(x, y):
    return (1-x**2-y**2)**0.5


result = dblquad(hemisphere, -1, 1,
     lambda x: -hemi_circle(x), lambda x: hemi_circle(x))
print('dblquad result =', result)
print('球体公式计算结果 =', np.pi*4/3/2)
```

执行结果：

```
dblquad result = (2.0943951023931984, 1.0002354500215915e-09)
```

即球体公式计算结果为 2.0943951023931953。通过对比使用 dblquad 函数计算的值与使用数学公式计算的值，可以看出前者的计算结果更准确。

7.3 求解微分方程

所谓微分方程，是指表示未知函数的导数及自变量之间关系的方程。未知函数是一元函数的微分方程称为常微分方程,未知函数是多元函数的微分方程称为偏微分方程。偏微分方程中出现的未知函数最高阶导数的阶数,称为微分方程的阶。微分方程的数学定义如下:

$$F(x,y,y',y'',\dots,y(n))=0 \tag{7-3}$$

根据 F 函数方程求解 y 函数的过程称为解微分方程。模块中提供了多种求解微分方程的方法,见表 7-2,其中,odeint 是基于函数的 API,ode 则是面向对象的 API。通常 odeint 更好上手,而 ode 则更灵活一些。

表 7-2　求解微分方程的方法

方法名	说明
odeint	解常微分方程的通用函数
ode	使用 vode 和 zvode 求解微分方程
complex_ode	将复数值的常微分方程转换为实数并求解微分方程

在数学和物理中解微分方程的应用比较广泛,下面通过求解在重力和摩擦力作用下摆锤角随时间变化的二阶微分方程,来演示使用 odeint 方法求解微分方程的过程。

摆锤角随时间变化的二阶微分方程为

$$theta''(t)+b*theta'(t)+c*\sin(theta(t))=0 \tag{7-4}$$

上述方程中,b 和 c 是正常量,' 表示一阶导数,'' 表示二阶导数。为了使用 odeint 方法求解上述方程,需要把方程转换为一阶微分方程。将角速度定义为

$$omega(t)=theta'(t) \tag{7-5}$$

方程会变换为

$$\begin{aligned}theta'(t)&=omega(t)\\ omega'(t)&=-b*omega(t)-c*\sin(theta(t))\end{aligned} \tag{7-6}$$

下面通过代码实现二阶微分方程的求解过程。

【示例 7-4】

```
import numpy as np
import matplotlib.pyplot as plt
from scipy.integrate import odeint

def pend(y, t, b, c):
    theta, omega = y
dydt = [omega, -b*omega-c*np.sin(theta)]
    return dydt
b, c = 0.25, 5.0
y0 = [np.pi-0.1, 0.0]
t = np.linspace(0, 10, 101)
sol = odeint(pend, y0, t, args=(b, c))
```

```
plt.plot(t, sol[:, 0], 'b', label='theta(t)')
plt.plot(t, sol[:, 1], 'g', label='omega(t)')
plt.legend(loc='best')
plt.xlabel('t')
plt.grid()
plt.show()
```

结果如图 7-1 所示。

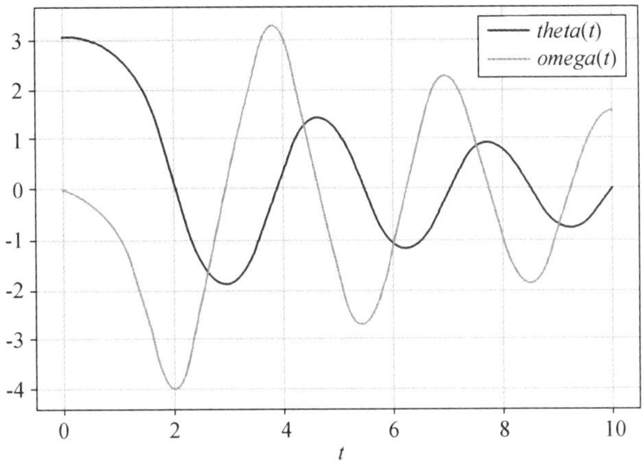

图 7-1　求解二阶微分方程

7.4　高等数学问题的符号解

7.4.1　求极限

使用函数 limit(表达式,变量,变量值) 可以求函数的极限。

【示例 7-5】验证 $\lim_{x\to 0}\frac{\sin x}{x}=1$ 和 $\lim_{x\to +\infty}\left(1+\frac{1}{x}\right)^x=e$。

```
In []: from sympy import *

In []: x=symbols('x')
In []: print(limit(sin(x)/x,x,0))
1

In []: print(limit(((1+1/x)**x),x,oo))          #两个小写的字母 o 表示正无穷
E
```

7.4.2 求导数

使用函数 diff(表达式,求导变量,求导阶数) 可以求函数的导数。不定义求导阶数时,默认为一阶导。

【示例 7-6】已知 $z=\sin x+x^2 e^y$,求 $\frac{\partial^2 z}{\partial x^2}$, $\frac{\partial z}{\partial y}$。

```
In [ ]: from sympy import *
In [ ]: x,y=symbols('x y')                          #定义两个符号变量
In [ ]: z=sin(x)+x**2*exp(y)                         #构造符号表达式

In [ ]: print('关于 X 的二阶偏导数为:',diff(z,x,2))
关于 X 的二阶偏导数为: 2*exp(y) - sin(x)
In [ ]:print('关于 y 的一阶偏导数为:',diff(z,y))
关于 y 的一阶偏导数为: x**2*exp(y)
```

7.4.3 级数求和

使用函数 summation(符号表达式,(符号变量,起始值,结束值)) 可以进行级数求和。

【示例 7-7】验证 $\sum_{k=1}^{n} k^2 = \frac{n(n+1)(2n+1)}{6}$, $\sum_{k=1}^{\infty} \frac{1}{k^2} = \frac{\pi^2}{6}$。

```
In [ ]: from sympy import**

In [ ]: k,n=symbols('k n')

In [ ]: print(summation(k**2,(k,1,n)))
n**3/3 + n**2/2 + n/6

In [ ]: print(factor(summation(k**2,(k,1,n))))        #把计算结果因式分解
n*(n + 1)*(2*n + 1)/6

In [ ]: print(summation(1/k**2,(k,1,oo)))             #两个小写字母 o 表示无穷
pi**2/6
```

7.4.4 泰勒展开

使用 series(符号变量,展开位置,展开阶次)可以进行泰勒展开。

【示例 7-8】写出 $\sin x$ 在 0 点处的 3、5、7 阶泰勒展开式。

```
from sympy import *
x=symbols('x');y=sin(x)
for k in range(3,8,2):
print(y.series(x,0,k))                          #等价于 print(series(y,x,0,k))
```

执行结果：

```
x + O(x**3)
x - x**3/6 + O(x**5)
x - x**3/6 + x**5/120 + O(x**7)
```

在上面的展开例子中，最后的 $O(x^3)$ 项表示省略所有幂大于或等于 x^3 的 x 项。

7.4.5 不定积分和定积分

使用函数 integrate(表达式,(积分变量,积分下限,积分上限))可以求函数的积分。

【示例 7-9】验证 $\int_0^{\pi}\sin(2x)\,\mathrm{d}x = 0$，$\int_0^{+\infty}\frac{\sin x}{x}\mathrm{d}x = \frac{\pi}{2}$。

```
from sympy import *
x=symbols('x')
integrate(sin(2*x),(x,0,pi))
print(integrate(sin(2*x),(x,0,pi)))
integrate((sin(x)/x),(x,0,oo))
print(integrate((sin(x)/x),(x,0,oo)))
```

执行结果：

```
0
pi/2
```

计算不定积分，只需在函数表达式后传递变量即可，这样计算出的原函数没有常数项。

```
print(integrate((sin(x)),x))
```

执行结果：

```
-cos(x)
```

7.4.6 求解代数方程(方程组)的符号解

【示例 7-10】求代数方程 $x^3=1$。

```
from sympy import *

x=symbols('x')

solve(x**3-1,x)
```

执行结果：

```
[1, -1/2 - sqrt(3)*I/2, -1/2 + sqrt(3)*I/2]
```

【示例 7-11】求代数方程$(x-2)^2(x-1)^3=0$。

```
solve((x-2)**2*(x-1)**3,x)
```

执行结果：

```
[1, 2]
```

通过 roots 指令可以得到重根信息。

```
roots((x-2)**2*(x-1)**3,x)
```

执行结果：

```
{2: 2, 1: 3}
```

solveset()函数可以求解方程组，函数第一个参数是待求解方程（等于 0），第二个参数是待求解方程变量的符号。在 SymPy 中，求解函数会假定任何不在 Eq()中的表达式等于 0。

【示例 7-12】求解如下代数方程组$\begin{cases} x^2+y^2=1 \\ x-y=0 \end{cases}$。

```
from sympy import *
x,y=symbols('x y')
Eq(x**2+y**2,1)
Eq(x,y)
solve([Eq(x**2+y**2,1),Eq(x,y)],[x,y])
```

执行结果：

```
[(-sqrt(2)/2, -sqrt(2)/2), (sqrt(2)/2, sqrt(2)/2)]
```

【示例 7-13】求函数$f(x)=2x^3-5x^2+x$的驻点，并求函数在[0,1]上的最大值。

```
from sympy import *
x=symbols('x')
expr=2*x**3-5*x**2+x
diff(expr,x)
x0=solveset(diff(expr,x),x)
print('方程驻点的精确解为:',x0)
```

```
print('方程驻点的浮点数表示为:',[i.evalf() for i in x0])
tup1=(expr.subs(x,0),expr.subs(x,-sqrt(19)/6 + 5/6),expr.subs(x,1))
print('函数在[0,1]上最大值为:',max(tup1).n())
```

执行结果：

```
方程驻点的精确解为：{-sqrt(19)/6 + 5/6, sqrt(19)/6 + 5/6}
方程驻点的浮点数表示为：[0.106850176076554, 1.55981649059011]
函数在[0,1]上最大值为：0.0522051838383851
```

7.4.7　求解微分方程(方程组)的符号解

SymPy 提供了 dsolve( ) 函数求常微分方程的符号解。在求解微分方程之前，使用 Function( ) 函数将符号变量声明为函数类型。具体实现形式如下：

```
y=Function('y')
```

或

```
y=symbols('y',cls=Function)
```

【示例 7-14】求下列微分方程通解：

(1)齐次方程：$y''-5y'+6y=0$；

(2)非齐次方程：$y''-5y'+6y=x\,e^{2x}$。

```
from sympy import *
x=symbols('x')
y=Function('y')
eq1=diff(y(x),x,2)-5*diff(y(x),x)+6*y(x)
eq2=diff(y(x),x,2)-5*diff(y(x),x)+6*y(x)-x*exp(2*x)
print('齐次方程的解为:',dsolve(eq1,y(x)))
print('非齐次方程的解为:',dsolve(eq2,y(x)))
```

执行结果：

```
齐次方程的解为：Eq(y(x), (C1 + C2*exp(x))*exp(2*x))
非齐次方程的解为：Eq(y(x), (C1 + C2*exp(x) - x**2/2 - x)*exp(2*x))
```

即可得到：

齐次微分方程的通解为 $y_{(x)}=(c_1+c_2\,e^x)\,e^{2x}$；

非齐次微分方程的通解为 $y_{(x)}=\left(c_1+c_2\,e^x-\dfrac{x^2}{2}-x\right)e^{2x}$。

【示例 7-15】求下列微分方程的解：

(1)初值问题：$y''-5y'+6y=0, y_{(0)}=1, y'_{(0)}=0$；

(2)初值问题：$y''-5y'+6y=xe^{2x}$，$y_{(0)}=1$，$y_{(2)}=0$。

```
from sympy import *
x=symbols('x')
y=Function('y')
eq1=diff(y(x),x,2)-5*diff(y(x),x)+6*y(x)
eq2=diff(y(x),x,2)-5*diff(y(x),x)+6*y(x)-x*exp(2*x)
print('初值问题的解为:{}'.format(dsolve(eq1,y(x),ics={y(0):1,diff(y(x),x).
subs(x,0):0})))
print('初值问题的解为:{}'.format(dsolve(eq2,y(x),ics={y(0):1,y(2):0})))
```

执行结果：

```
初值问题的解为:Eq(y(x), (-2*exp(x) + 3)*exp(2*x))
初值问题的解为:Eq(y(x), (-x**2/2 - x - 3*exp(x)/(-exp(2) + 1) + (-exp
(2) + 4)/(-exp(2) + 1))*exp(2*x))
```

上述指令中，ics 用于微分方程求解中，初值或者边界条件的设置。格式为 'ics = {y(x0): x1, y(x).diff(x).subs(x, x2):x3}'。

7.5 线性代数问题的符号解

SymPy 线性代数模块的函数可以对矩阵进行各种操作，例如求矩阵行列式的值、特殊矩阵的构建，以及求矩阵的特征值、特征向量、转置和逆阵等。利用 eye、zeros 和 ones 等函数可以快速构建特殊矩阵，也可以删除矩阵中某些选中的行和列。基本算数运算如+、-、*和**也可以用于矩阵。在符号矩阵计算中，*表示矩阵乘积，**表示矩阵的幂运算。本节将介绍如何利用 SymPy 求线性代数问题。

7.5.1 矩阵的运算

矩阵运算原理：已知 $\boldsymbol{\alpha}=[a_1,a_2,a_3]^{\mathrm{T}}$，$\boldsymbol{\beta}=[b_1,b_2,b_3]^{\mathrm{T}}$，则 $\boldsymbol{\alpha}\cdot\boldsymbol{\beta}=a_1b_1+a_2b_2+a_3b_3$，

$$\boldsymbol{\alpha}\times\boldsymbol{\beta}=\begin{vmatrix} i & j & k \\ a_1 & a_2 & a_3 \\ b_1 & b_2 & b_3 \end{vmatrix}。$$

【示例 7-16】已知 $\boldsymbol{\alpha}=[1,2,3]^{\mathrm{T}}$，$\boldsymbol{\beta}=[4,5,6]^{\mathrm{T}}$，求 $\|\boldsymbol{\alpha}\|$（矩阵 $\boldsymbol{\alpha}$ 的模），$\boldsymbol{\alpha}^{\mathrm{T}}$，$\boldsymbol{\alpha}\cdot\boldsymbol{\beta}$，$\boldsymbol{\alpha}\times\boldsymbol{\beta}$。

```
import sympy as sp
A=sp.Matrix([[1],[2],[3]])
B=sp.Matrix([[4],[5],[6]])
print('A 的模为:',A.norm())
print('A 的模的浮点数为:',A.norm().evalf())
```

```
print('A的转置矩阵为:',A.T)
print('A和B的点乘为:',A.dot(B))
print('A和B的叉乘为:',A.cross(B))
```

执行结果:

```
A的模为: sqrt(14)
A的模的浮点数为: 3.74165738677394
A的转置矩阵为: Matrix([[1, 2, 3]])
A和B的点乘为: 32
A和B的叉乘为: Matrix([[-3], [6], [-3]])
```

SymPy 使用 Matrix( )函数创建矩阵时必须加方括号[ ],并且注意形如 Matrix([0, 1, 1])和 Matrix([[0, 1, 1]])的区别,前者有一个方括号,是 3×1 矩阵$[0,1,1]^T$;后者有两个方括号,是 1×3 矩阵[0,1,1]。

【示例 7-17】已知 $\boldsymbol{A}=\begin{bmatrix}1&2&3&4\\5&6&7&8\\9&10&11&12\\13&14&15&16\end{bmatrix}$,$\boldsymbol{B}=\begin{bmatrix}1&0&0&0\\0&1&0&0\\0&0&1&0\\1&0&0&1\end{bmatrix}$,求$|\boldsymbol{A}|$,$\boldsymbol{A}$ 的秩 $R(\boldsymbol{A})$,$\boldsymbol{A}^T$,$(\boldsymbol{A}+10E)^{-1}$,$\boldsymbol{A}^2$,$\boldsymbol{AB}$,构造分块矩阵$[\boldsymbol{A},\boldsymbol{B}]$,$\begin{bmatrix}\boldsymbol{A}\\\boldsymbol{B}\end{bmatrix}$,$\boldsymbol{A}_1=\begin{bmatrix}1&2\\5&6\end{bmatrix}$(提出 $\boldsymbol{A}$ 的左上角子块构成的矩阵),删除 $\boldsymbol{A}$ 的第 4 行得到矩阵 $\boldsymbol{A}_2$。

```
import sympy as sp
import numpy as np
A=sp.Matrix(np.arange(1,17).reshape(4,4))
B=sp.eye(4)
print('A的行列式为:',sp.det(A))
print('A的秩为:',A.rank())
print('A的转置矩阵为:',A.transpose())                #等价于A.T
print('所求的逆阵为:',(A+10*B).inv())
print('A的平方为:',A**2)
print('A,B的乘积为:',A*B)
print('横连矩阵为:',A.row_join(B))
print('纵连矩阵为:',A.col_join(B))
print('A1为:',A[0:2,0:2])
A2=A.copy();A2.row_del(3)
print('A2为:',A2)
```

执行结果:

```
A的行列式为: 0
```

```
A 的秩为：2
A 的转置矩阵为：Matrix([[1, 5, 9, 13], [2, 6, 10, 14], [3, 7, 11, 15], [4, 8,
12, 16]])
所求的逆阵为：Matrix([[203/1800, 1/300, -11/1800, -7/450], [-1/200, 9/100,
-3/200, -1/50], [-41/1800, -7/300, 137/1800, -11/450], [-73/1800, -11/
300, -59/1800, 16/225]])
A 的平方为：Matrix([[90, 100, 110, 120], [202, 228, 254, 280], [314, 356,
398, 440], [426, 484, 542, 600]])
A,B 的乘积为：Matrix([[1, 2, 3, 4], [5, 6, 7, 8], [9, 10, 11, 12], [13, 14, 15,
16]])
横连矩阵为：Matrix([[1, 2, 3, 4, 1, 0, 0, 0], [5, 6, 7, 8, 0, 1, 0, 0], [9, 10,
11, 12, 0, 0, 1, 0], [13, 14, 15, 16, 0, 0, 0, 1]])
纵连矩阵为：Matrix([[1, 2, 3, 4], [5, 6, 7, 8], [9, 10, 11, 12], [13, 14, 15,
16], [1, 0, 0, 0], [0, 1, 0, 0], [0, 0, 1, 0], [0, 0, 0, 1]])
A1 为：Matrix([[1, 2], [5, 6]])
A2 为：Matrix([[1, 2, 3, 4], [5, 6, 7, 8], [9, 10, 11, 12]])
```

提取 $\boldsymbol{A}$ 矩阵子块时，形如 $\boldsymbol{A}[0:2,0:2]$ 的含义是：逗号前面选择行的范围为 1~2 行；逗号后面选择列的范围为 1~2 列。

7.5.2 解线性方程组

【示例 7-18】求下列线性方程组的符号解。

$$\begin{cases}2x_1+x_2-5x_3+x_4=8\\x_1-3x_2-6x_4=6\\2x_2-x_3+2x_4=-2\\x_1+4x_2-7x_3+6x_4=2\end{cases}$$

上述方程组记为 $\boldsymbol{Ax}=\boldsymbol{b}$，可以验证系矩阵 $\boldsymbol{A}$ 的秩 $R(\boldsymbol{A})=4$，所以线性方程组有唯一解 $\boldsymbol{x}=\boldsymbol{A}^{-1}\boldsymbol{b}$。

```
import sympy as sp
A=sp.Matrix([[2,1,-5,1],[1,-3,0,-6],[0,2,-1,2],[1,4,-7,6]])
b=sp.Matrix([8,6,-2,2])
print('系数矩阵 A 的秩为：',A.rank())
print('线性方程组的唯一解为：',A.inv()*b)
```

执行结果：

```
系数矩阵 A 的秩为：4
线性方程组的唯一解为：Matrix([[4], [-14/9], [-2/9], [4/9]])
```

【示例 7-19】求下列齐次线性方程组的基础解系。

$$\begin{cases}x_1-5x_2+2x_3-3x_4=0\\5x_1+3x_2+6x_3-x_4=0\\2x_1+4x_2+2x_3+x_4=0\end{cases}$$

```
import sympy as sp
A=sp.Matrix([[1,-5,2,-3],[5,3,6,-1],[2,4,2,1]])
print('A 矩阵的零空间(即基础解系)为:',A.nullspace())
```

执行结果:

```
A 矩阵的零空间(即基础解系)为:A 矩阵的零空间(即基础解系)为:[Matrix([
[-9/7],
[ 1/7],
[   1],
[   0]]), Matrix([
[ 1/2],
[-1/2],
[   0],
[   1]])]
```

从结果看出,基础解系为$[-9/7,1/7,1,0]^T$和$[1/2,-1/2,0,1]^T$。

7.5.3 特征值与特征向量

【示例 7-20】求下列矩阵的特征值和特征向量。

$$\boldsymbol{A}=\begin{bmatrix}0 & -2 & 2\\-2 & -3 & 4\\2 & 4 & -3\end{bmatrix}$$

```
import sympy as sp
A=sp.Matrix([[0,-2,2],[-2,-3,4],[2,4,-3]])
print('A 的特征值为:',A.eigenvals())
print('A 的特征向量为:',A.eigenvects())
```

执行结果:

```
A 的特征值为:{-8: 1, 1: 2}
A 的特征向量为:[(-8, 1, [Matrix([
[-1/2],
[  -1],
```

```
A 的特征值为:{-8: 1, 1: 2}
[    1]])]), (1, 2, [Matrix([
[-2],
[ 1],
[ 0]]), Matrix([
[2],
[0],
[1]])])]
```

求得特征值为 $\lambda_1=-8,\lambda_2=\lambda_3=1$,对应于特征值-8 的特征向量为 $\xi_1=\left[-\frac{1}{2},-1,1\right]^{\mathrm{T}}$,对应于特征值 1 的两个线性无关的特征向量为 $\xi_2=[-2,1,0]^{\mathrm{T}},\xi_3=[2,0,1]^{\mathrm{T}}$。

【示例 7-21】把下列矩阵 $\boldsymbol{A}$ 相似对角化,即求可逆阵 $\boldsymbol{P}$,使得 $\boldsymbol{P}^{-1}\boldsymbol{AP}=\boldsymbol{D}$ 为对角阵。

$$\boldsymbol{A}=\begin{bmatrix} 0 & -2 & 2 \\ -2 & -3 & 4 \\ 2 & 4 & -3 \end{bmatrix}$$

```
import sympy as sp
A=sp.Matrix([[0,-2,2],[-2,-3,4],[2,4,-3]])
if A.is_diagonalizable():
    print('A 的对角化矩阵:\n',A.diagonalize())
else:
print('A 不能对角化')
```

执行结果:

```
A 的对角化矩阵:
(Matrix([
[-1, -2, 2],
[-2,  1, 0],
[ 2,  0, 1]]), Matrix([
[-8, 0, 0],
[ 0, 1, 0],
[ 0, 0, 1]]))
```

函数 diagonalize()返回输入矩阵的可逆矩阵 $\boldsymbol{P}$ 和对角阵 $\boldsymbol{D}$,求得矩阵 $\boldsymbol{A}$ 的可逆矩阵为 $\boldsymbol{P}=\begin{bmatrix} -1 & -2 & 2 \\ -2 & 1 & 0 \\ 2 & 0 & 1 \end{bmatrix}$,对角阵 $\boldsymbol{D}=\begin{bmatrix} -8 & 0 & 0 \\ 0 & 1 & 0 \\ 0 & 0 & 1 \end{bmatrix}$。

7.6 插 值

在工程实践中,比如图像重建、建筑工程中的外观设计、天文观测数据的处理等方面,插值技术不可或缺。使用插值可通过已知的离散数据求未知数据。与拟合不同,插值要求曲线通过所有的已知点。插值是离散函数逼近的重要方法,利用插值可通过函数在有限个点处的取值状况,估算出函数在其他点处的近似值。

假定函数 $f(x)$ 在自变量 x(离散值)处对应的函数值已知,求解出适当的特定函数 $p(x)$,使得 $p(x)$ 在 x 处所取的函数值等于 $f(x)$ 在 x 处的已知值,从而用 $p(x)$ 估计 $f(x)$ 在这些 x 值之间对应的函数值,这种方法称为插值法。

SciPy 的 interpolate 模块提供了各种插值方法,如一维、二维、N 维插值方法,包括 B 样条插值、径向基函数插值等。当样本数据归因于单变量时,一般使用一维插值;而当样本数据归因于多个独立变量时,使用多维插值。

7.6.1 一维插值方法

1. 一维插值

下面首先介绍简单的一维插值方法。interp1d 是一个类,其构造函数定义如下:

```
_init_(x, y, kind='linear', ...)
```

在使用 interp1d 类时,需要传入必要的参数以生成一个对象实例。其中,x 是一维的真实数据;y 是 N 维的数据;kind 是插值类型,默认是线性插值(linear);axis 指定沿 y 的某个轴进行插值。interp1d 构造函数的参数及说明见表 7-3。

表 7-3 interp1d 构造函数的参数及说明

参数名	说明
x	array_like 类型,一维的真实数据
y	array_like 类型,N 维的数据,长度必须等于沿某个插值轴的 x 的长度
kind	插值类型,可选,可以是字符串或整数:zero、nearest 阶梯插值,相当于 0 阶 B 样条曲线;slinear、linear 线性插值,用一条直线连接所有的取样点,相当于一阶 B 样条曲线;quadratic、cubic 二阶和三阶 B 样条曲线,更高阶的曲线可以直接使用整数指定
axis	指定沿 y 的某个轴进行插值,默认沿着 y 的最后一个轴进行插值

下面通过函数 $f(x)=e^{(-x/3)}$ 来介绍一维插值的过程。程序中演示了 kind 参数及与之对应的插值曲线,使用循环对相同的数据进行 4 种不同阶数的插值运算。使用数据点创建 1 个 interp1d 对象 f,通过 kind 参数指定其阶数,计算出一系列的插值结果。

【示例 7-22】

```
import matplotlib. pyplot as plt
import numpy as np
from scipy import interpolate                # 导入 interpolate 模块
x = np. arange(0, 10)                        # 生成 1~9 的数组
y = np. exp( -x/3. 0)                        # 定义 f(x) 函数
p = interpolate. interp1d(x, y)              # 调用 interpolate 方法,求解出 p(x) 函数
xnew = np. arange(0, 9, 0. 1)                # 生成新的样本点
ynew = p(xnew)                               # 使用 p(x) 函数,计算 ynew 的值
plt. plot(x, y, 'bo',
xnew, ynew, 'r-')                            # 可视化插值后的函数图形
plt. show( )
```

输出结果如图 7-2 所示。

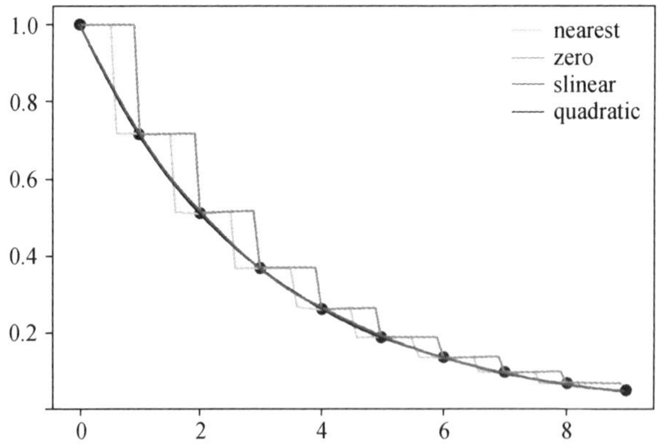

图 7-2　interp1d 方法插值

2. 参数插值

上文介绍的插值函数都需要 X 轴的数据是按照递增顺序排列的,就像 $y=f(x)$ 函数曲线一样。数学上还有一种参数曲线,它使用参数 t 和两个函数 $x=f(t)$、$y=g(t)$ 来定义二维平面上的一条曲线,例如圆形、心形等曲线都是参数曲线。参数曲线的插值可以通过 splprep( ) 函数和 splev( ) 函数实现,这组函数支持高维空间的曲线的插值。下面以二维曲线为例介绍其用法。

【示例 7-23】

```
import matplotlib. pyplot as plt
import numpy as np
from scipy import interpolate

phi = np. linspace(0, 2. * np. pi, 40)
```

```
r = 0.5 + np.cos(phi)
x, y = r * np.cos(phi), r * np.sin(phi)
plt.plot(x, y, 'o')

tck, t = interpolate.splprep([x, y], s=0)
xi, yi = interpolate.splev(np.linspace(t[0], t[-1], 200), tck)
plt.plot(xi, yi, lw=2, label=u's=0')

plt.legend()
plt.show()
```

程序首先调用 splprep(),其第一个参数为一组一维数组,每个数组是各点在对应轴上的坐标。s 参数为平滑系数,与 UnivariateSpline 的含义相同。splprep()返回两个对象,其中 tck 是一个元组,它包含了插值曲线的所有信息。t 是自动计算出的参数曲线的参数数组。然后调用 splev()进行插值运算,其第一个参数为一个新的参数数组,这里将 t 的取值范围等分 200 份,第二个参数为 splprep()返回的第一个对象。实际上,参数数组 t 是正规化之后的各个线段长度的累计,因此 t 的范围为 0~1。结果如图 7-3 所示。

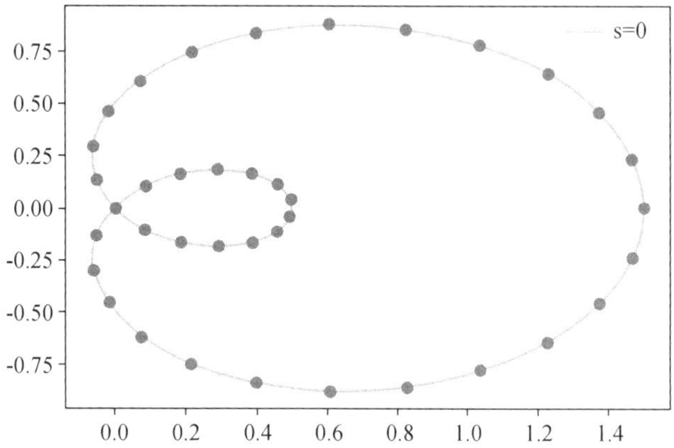

图 7-3 参数插值

3. 单调插值

前面介绍的几种插值方法不能保证数据点的单调性,即曲线的最值可能出现在数据点之外的地方。PchipInterpolator 类(别名 pchip)使用单调三次插值,能够保证曲线的所有最值都出现在数据点之上。下面的程序用 pchip()对数据点进行插值,由图 7-4 的导数曲线可知,所有最值点处的导数都为 0。

【示例 7-24】

```
import matplotlib.pyplot as plt
import numpy as np
```

```
import matplotlib.pyplot as plt
from scipy import interpolate
from scipy.misc import derivative
x = [0, 1, 2, 3, 4, 5]
y = [1, 2, 1.5, 2.5, 3, 2.5]
xs = np.linspace(x[0], x[-1], 100)
curve = interpolate.pchip(x, y)
ys = curve(xs)
plt.plot(xs, ys, label='pchip')
plt.plot(x, y, 'o')
plt.legend(loc='best')
plt.grid()
plt.show()
```

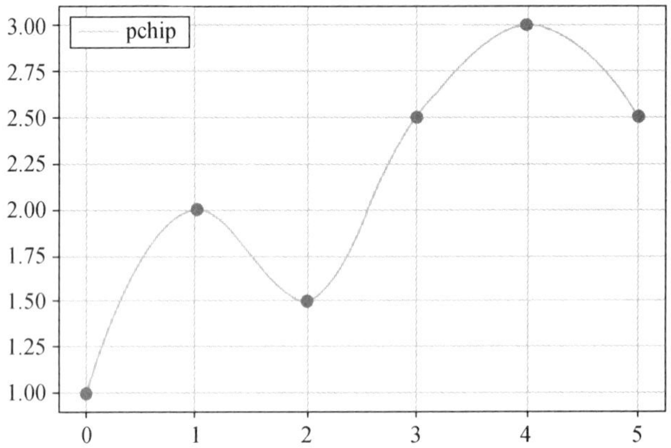

图 7-4　单调插值

7.6.2　多维插值方法

多维插值主要用于图像重构。scipy.interpolate 模块中的 griddata 方法具有强大的使用多维散列取样点进行插值运算的能力。griddata 方法的定义如下：

```
griddata(points,values,xi,method='linear',fill_value=nan)
```

其中,points 表示 K 维空间中的坐标,它可以是形状为(N, K)的数组,也可以是有 K 个数组的序列,N 为数据的点数。values 是 points 中每个点对应的值。xi 是需要进行插值运算的坐标,形状为(M, K),M 为需要进行插值运算的坐标的数量。method 参数有三个选项:nearest、linear 和 cubic,分别对应 0 阶、1 阶及 3 阶插值。下面使用 griddata 方法对图片进行插值处理。

【示例 7-25】

```
import numpy as np
from scipy. interpolate import griddata
import matplotlib. pyplot as plt

def func_ndmin(x, y):
    return x * (1-x) * np. cos(4 * np. pi * x) * np. sin(4 * np. pi * y * * 2) * * 2
  # 定义二--维函数
  # 生成 grid 数据,复数定义了生成数据的步长 step,若省略复数,则 step 默认为 5
grid_x, grid_y = np. mgrid[0:1:100j, 0:1:200j]
points = np. random. rand(1000, 2)
values = func_ndmin(points[:,0], points[:,1])

grid_z0 = griddata(points, values, (grid_x, grid_y), method='nearest')
grid_z1 = griddata(points, values, (grid_x, grid_y), method='linear')
grid_z2 = griddata(points, values, (grid_x, grid_y), method='cubic')

plt. subplot(221)
plt. imshow(func_ndmin(grid_x, grid_y). T, extent = (0,1,0,1), origin='lower')
plt. title('original')
plt. subplot(222)
plt. imshow(grid_z0. T, extent = (0,1,0,1), origin='lower')
plt. title('nearest')
plt. subplot(223)
plt. imshow(grid_z1. T, extent = (0,1,0,1), origin='lower')
plt. title('linear')
plt. subplot(224)
plt. imshow(grid_z2. T, extent = (0,1,0,1), origin='lower')
plt. title('cubic')
plt. gcf(). set_size_inches(6,6)
plt. show()
```

结果如图 7-5 所示。

从结果可以看出,所有方法都在某种程度上重现了精确的结果,但是对于这些平滑函数,cubic 插值的结果更好一点。scipy. interpolate 模块提供的插值方法还有很多,例如 B 样条插值、径向基函数插值等,读者可以自行学习。

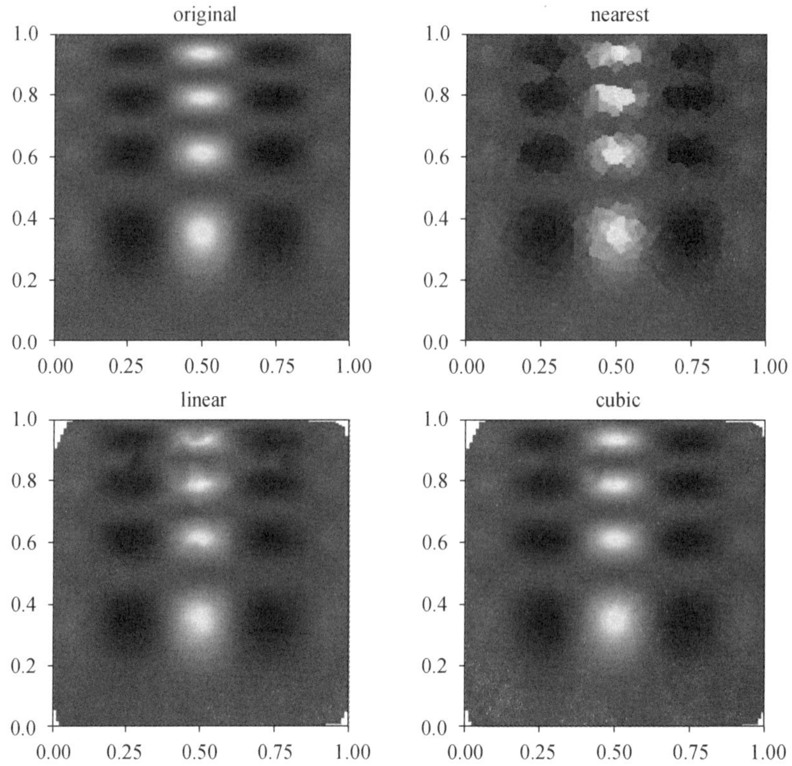

图 7-5　多维插值方法

7.7　概率统计

概率统计在数据分析中占据重要地位，因此 SciPy 库对这一部分涉及的统计计算方法进行了封装。概率分布随机变量分为连续型和离散型。在 SciPy 库中，所有的连续统计变量都是 rv_continuous 的派生类对象，而所有的离散型随机变量都是 rv_discrete 的派生类对象。SciPy 库中涉及的相关统计方法很多，本节介绍常见的几种统计方法。求数据分布的数字特征，需要调用 scipy. stats 模块中对应的分布函数，然后获取属性。公共属性见表 7-4。

表 7-4　公共属性

属性名	描述
rvs	对随机变量进行随机取值，产生服从某种分布的样本集，可以通过 size 参数指定输出的样本集大小
pdf	随机变量的概率密度函数，产生对应 x 的某种分布的 y 值
cdf	随机变量的累积分布函数，是概率密度函数的积分
sf	随机变量的生存函数

表 7-4(续)

属性名	描述
ppf	累积分布函数的反函数
stats	计算随机变量的期望值和方差
fit	对一组随机取样进行拟合,找出最适合取样数据的概率密度函数的系数。例如,stats. norm. fit(x)会将 x 看成某个正态分布的抽样,求出最好的拟合参数(mean,std)

7.7.1 连续型随机变量

所谓连续型随机变量,是指如果随机变量 x 的所有可能取值不可以逐个列举出来,而是取数轴上某一区间的任一点的随机变量。例如,一批电子元件的寿命、实际中经常遇到的测量误差等都是连续型随机变量。

正态分布函数是连续型随机变量的函数,在数据分析中的应用十分广泛。下面以正态分布为例,利用 SciPy 中提供的统计方法求解相关的统计量。正态分布函数定义如下:

$$f(x)=\frac{e\ -(x-\mathrm{loc})^2(2\mathrm{scale}^2)}{\mathrm{scale}\sqrt{2\pi}} \tag{7-7}$$

式中,loc 为期望值,即对称轴位置;scale 为标准差,即开口大小。SciPy 中的正态分布函数默认 loc=0,scale=1,即标准正态分布。下面通过代码求解正态分布函数的各种统计量。

【示例 7-26】

```
from scipy. stats import norm
print('rvs=', norm. rvs(size = 10))                  # 产生 10 个正态分布的随机变量
print('pdf=', norm. pdf(0))                          # 根据 x 求概率分布值
print('cdf=', norm. cdf(1, loc=1, scale=1))          # 根据 x 求累计概率分布值
print('ppf=', norm. ppf(0.5, loc=1, scale=1))        # 根据累计概率分布值反求 x 值
print('sf=', norm. sf(0))                            # 随机变量的生存函数
print('stats=', norm. stats(0))                      # 随机变量的期望值和方差
print('mean=', norm. mean(0))                        # 随机变量的期望值
print('std=', norm. std(0))                          # 随机变量的方差
x = norm. rvs(loc=1.0, scale=2.0, size=100)          # 求正态分布的最佳拟合参数 fit
print('fit=', norm. fit(x))                          # 得到随机序列的期望值和标准差
```

执行结果:

```
rvs= [ 1.83190227 -0.82916592 -0.24344591 -0.66307231  1.30388387
-0.65758259-1.61135711  0.69358625 -0.49786308  0.70618886]
pdf= 0.3989422804014327
cdf= 0.5
```

```
ppf= 1.0
sf= 0.5
stats= (array(0.), array(1.))
mean= 0.0
std= 1.0
fit= (1.034650312786968, 1.8956516981962055)
```

利用 SciPy 中的方法进行相关统计量的计算,只需要调用相关方法即可,十分简单方便。

7.7.2 离散型随机变量

离散型随机变量与连续型随机变量都由随机变量的取值范围(或者说取值形式)确定,变量取值只能取离散型的自然数,这样的变量就是离散型随机变量。

二项分布和泊松分布在离散型随机变量中占有重要地位,因此 SciPy 中提供了这两种随机变量的实现。对于二项分布,会重复 n 次独立的伯努利试验。在每次试验中只有两种可能的结果,而且两种结果发生与否相互对立,并且相互独立,与其他各次试验结果无关,事件发生与否的概率在每一次独立试验中都保持不变,这一系列试验总称为 n 重伯努利试验。当试验次数为 1 时,二项分布服从 0-1 分布。

$$f(k)\left(\frac{n}{k}\right)p^{k}(1-p)^{(n-k)} \tag{7-8}$$

泊松分布的参数 λ 是单位时间(或单位面积)内随机事件的平均发生率。泊松分布适合于描述单位时间内随机事件发生的次数。例如,某一服务设施在一定时间内到达的人数、汽车站台的候车人群、机器出现的故障数、自然灾害发生的次数等。下面通过代码演示 SciPy 的 stats 模块中关于二项分布和泊松分布的相关统计方法。

【示例 7-27】二项分布。

```
from scipy.stats import binom
n = 100                                        # 随机事件发生的次数
p = 0.5                                        # 随机事件发生的概率
f = binom(n, p)
print('stats=', f.stats())                     # 二项分布的期望值和方差
print('mean=', f.mean())
```

执行结果:

```
stats= (array(50.), array(25.))
mean= 50.0
```

在上述程序中,首先导入二项分布方法 binorm,并设置相关参数;然后调用二项分布方法 binorm,生产数据分布;最后打印出该数据分布的统计量(期望和方差)及均值。

【示例 7-28】泊松分布。

```
import numpy as np
from scipy. stats import poisson
_lambda = 10                        # λ 值
time = 10000                        # 观察时间
t = np. random. rand( _lambda * time) * time
count, time_edges = np. histogram( t, bins =time, range=( 0, time) )
                                    # 统计某时间段内事件发生的次数
sol = poisson( count)
print( 'pmf =', sol. pmf( 1) )      # pmf 概率质量函数
print( 'cdf =', sol. cdf( 1) )
```

执行结果:

```
pmf= [ 1. 83718709e-04 6. 38317376e-03 1. 11068824e-03 ... 6. 38317376e-03
2. 68370102e-03 1. 16414021e-05]
cdf= [ 2. 00420409e-04 7. 29505572e-03 1. 23409804e-03 ... 7. 29505572e-03
3. 01916365e-03 1. 24729308e-05]
```

在上述程序中,首先导入 scipy. stats 模块中的泊松分布方法 poisson,并设置相关参数;然后调用松分布方法,生成数据分布;最后打印出数据分布的概率质量值及累积分布值。

7.7.3 常用统计方法

统计量是统计理论中用来对数据进行分析、检验的变量,在数据分析中占有重要地位。SciPy 库也提供了实现统计量计算的函数。scipy. stats 模块中的统计函数非常多,表 7-5 列出了部分统计方法。

表 7-5　部分统计方法

方法名	说明
describe	计算传递的数组的几个描述性统计信息
gmean	计算沿指定轴的几何平均值
hmean	计算沿指定轴的调和平均值
kurtosis	计算数据集的峰度
kurtosistest	测试数据集是否具有正常峰度
mode	返回传递的数组中的模态值数组
moment	计算样本平均值的第 n 个时刻
normaltest	测试样本是否与正态分布不同

表 7-5(续)

方法名	说明
skew	计算数据集的偏度
skewest	测试偏斜是否与正态分布不同
kstat	返回第 n 个 k 统计量(到目前为止 $1 \leqslant n \leqslant 4$)
kstatvar	返回 k 统计量方差的无偏估计
tmean	计算修剪的平均值
tvar	计算修剪的方差
tmin	计算修剪的最小值
tmax	计算修剪的最大值
tstd	计算修剪的样品标准偏差
tsem	计算平均值的修剪标准误差
entropy	计算给定概率值的分布的熵

下面通过示例了解几个常用统计方法的使用。

【示例 7-29】

```
import numpy as np
from scipy. stats import gmean, hmean, describe, moment, kstat
mdm = np. random. RandomState(1234)
a = np. arange(10)
print('describe_a=', describe(a))             # 打印出数据的相关统计信息
b = [[1, 2], [3, 4]]
print('describe_b=', describe(b))             # 打印出数据的相关统计信息
print('gmean=', gmean([1, 4]))                # 计算沿指定轴的几何平均值
print('hmean=', hmean([1, 4]))                # 计算沿指定轴的调和平均值
for n in [2, 3, 4, 5, 6, 7]:
    x = mdm. normal(size=10 * n)
    m, k = moment(x, 3), kstat(x, 3)
print('mk=','''%. 3g%. 3g%. 3g'''%(m, k, m-k))
```

执行结果:

```
describe_a= DescribeResult(nobs=10, minmax=(0, 9), mean=4. 5, variance=
9. 166666666666666, skewness=0. 0, kurtosis=-1. 2242424242424244)
describe_b= DescribeResult(nobs=2, minmax=(array([1, 2]), array([3, 4])),
mean=array([2. , 3. ]), variance=array([2. , 2. ]), skewness=array([0. , 0. ]),
kurtosis=array([-2. , -2. ]))
gmean= 2.0
```

```
hmean= 1.6
mk= -0.735-0.860.125
mk= -0.129-0.1430.014
mk= -1.23-1.330.0978
mk= -0.17-0.1810.0107
mk= 0.1790.188-0.00931
mk= 0.06410.0669-0.00284
```

7.8 拟合与优化

找到函数的局部或全局最小值及求方程解的问题都属于优化问题。优化问题在实际应用中也比较常见，因此 SciPy 中提供了 optimize 模块来实现这些需求。下面分别介绍 optimize 模块中的 leastsq 拟合方法、函数最小值方法及用于解方程及方程组的 fsolve 方法。

7.8.1 leastsq 拟合方法

所谓拟合，是指已知某函数的若干离散函数值$\{f_1,f_2,\cdots,f_n\}$，通过调整函数中的待定系数$f(\lambda_1,\lambda_2,\cdots,\lambda_n)$，使得函数与已知点集的差别(最小二乘意义)最小。如果待定函数是线性的，则叫作线性拟合或线性回归(主要用在统计中)，否则叫作非线性拟合或非线性回归。表达式也可以是分段函数，这种情况下叫作样条拟合。

在数据分析中经常会遇到一些相关数据的分析与处理，并要求拟合曲线以反映数据的规律。因此，拟合在数据分析中占据比较重要的地位。在 SciPy 的 optimize 模块中提供了许多数据拟合方法。本小节以最小二乘拟合(least-square fitting)方法为例，对数据拟合的基本步骤进行详解。

SciPy 的 optimize 模块中提供了最小二乘拟合方法 leastsq，定义如下：

```
leastsq(func, x0, args=(), ...)
```

leastsq 方法的调用需要两个必要参数：func 定义实际函数值与预测函数值之间的差值，x0 是最小化函数的初始设置参数，args 为 func 函数需要的额外参数。下面使用代码演示最小二乘拟合方法 leastsq。

【示例 7-30】

```
import numpy as np
from scipy.optimize import leastsq              # 导入最小二乘拟合方法 leastsq
import matplotlib.pyplot as plt

def func_leastsq(x, p):
    a, b = p
```

```
    return a * x + b                              # 定义需要拟合的函数 a * x + b

def residuals(p, y, x):
    return y-func_leastsq(x, p)
# 实验数据 x、y 和拟合函数的差,p 为拟合方法需要找到的系数

x = np.linspace(-2, 2, 100)
a, b = 2, 0                                       # 真实函数参数
y0 = func_leastsq(x, [a, b])                      # 真实数据值
y1 = y0 + 0.2 * np.random.randn(len(x))          # 加入噪声之后的实验数据值
p0 = [1, 1]                                       # 参数的初始化值
result = leastsq(residuals, p0, args=(y1, x))    # args 为需要拟合的实验数据
print('真实参数:', [a, b])
print('拟合参数:', result[0])
plt.plot(x, y0, 'r.', label='Real data')6t
plt.plot(x, y1, label='Data with noisy')
plt.plot(x, func_leastsq(x, result[0]), 'b+', label='Fitting data')
plt.legend()
plt.show()
```

执行结果:

```
真实参数: [2, 0]
拟合参数:[1.98565037 0.00956645]
```

leastsq 数据拟合结果如图 7-6。从输出结果可以看出,最小二乘拟合的结果是符合预期的。SciPy 的 optimize 模块中的其他拟合方法和 leastsq 方法有类似的功能,有的甚至可以拟合更加复杂的曲线。

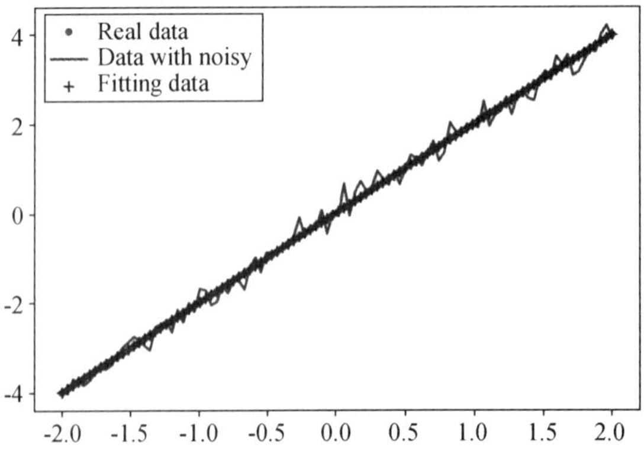

图 7-6　leastsq 数据拟合

7.8.2　函数最小值方法

SciPy 中的 optimize 模块提供了多个求解函数最小值的方法，例如 fmin、fmin_powell、fmin_cg、fmin_bfgs、fmin_ncg、brute 等。对于前 5 个方法，如果所求函数存在局部最小值和全局最小值，初始值选取不当就会得到局部最小值而不是全局最小值。

下面通过实际的例子来演示 optimize 模块中常用的求解函数最小值的方法。定义函数 $f(x)=\sin(x)+\frac{x}{10}$，下面使用 fmin、fmin_powell、fmin_bfgs 三个方法求解该函数的最小值。最典型的 fmin 方法定义为

```
fmin(func, x0, args=(),...)
```

fmin 方法的调用需要两个必要参数：func 定义要求解最小值的函数，x0 为假设的最小值，args 为 func 函数需要的额外参数。其具体用法示例如下：

【示例 7-31】

```
import numpy as np
import matplotlib.pyplot as plt
from scipy import optimize

x = np.linspace(-10, 18)
y = np.sin(x) + x/10
plt.plot(x, y, 'r')                          # 可视化函数 sin(x) +x/10
plt.title('$sin(x) +x/10$')
def func_min(x):
    return np.sin(x) +x/10   # 定义 fmin、fmin_powell、fmin_bfgs 三个方法需要的函数
local_min1 = optimize.fmin(func_min, 10)     # 调用 fmin 方法求函数最小值
local_min2 = optimize.fmin_powell(func_min, 5)
                                             # 调用 fmin_powell 方法求函数最小值
local_min3 = optimize.fmin_bfgs(func_min, 0) # 调用 fmin_bfgs 方法求函数最小值
plt.scatter(local_min1, func_min(local_min1), linewidths=9)
                                             # 在可视化图形中标出最小值
plt.scatter(local_min2, func_min(local_min2), linewidths=9)
plt.scatter(local_min3, func_min(local_min3), linewidths=9)
```

执行结果：

```
Optimization terminated successfully.
   Current function value: 0.094553
   Iterations: 15
```

```
    Function evaluations: 30
Optimization terminated successfully.
    Current function value: -0.533765
    Iterations: 2
    Function evaluations: 30
Optimization terminated successfully.
    Current function value: -1.162084
    Iterations: 4
    Function evaluations: 12
    Gradient evaluations: 6
plt.show()
```

输出结果如图 7-7 所示。

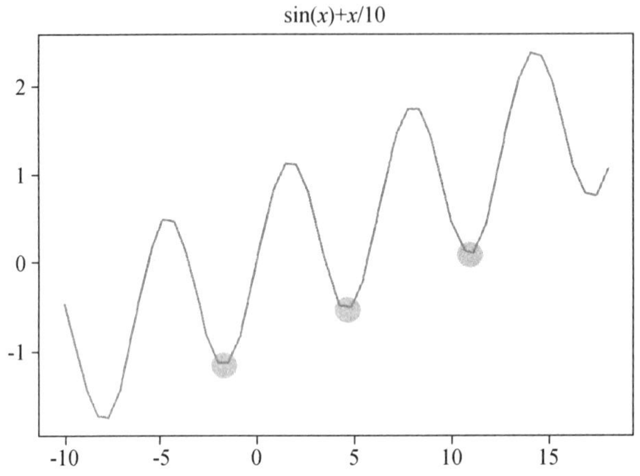

图 7-7　求解函数最小值

从上面的例子可以看出：fmin、fmin_powell、fmin_bfgs 方法都可以求出函数最小值，但得到的却不是全局最小值。在不确定初始值的情况下，可以使用 brute 方法求出全局最小值。示例代码如下：

```
import numpy as np
import matplotlib.pyplot as plt
from scipy import optimize
x = np.linspace(-10, 18)
y = np.sin(x) + x/10
plt.plot(x, y, 'r')
plt.title('$sin(x)+x/10$')
def func_min(x):
    return np.sin(x)+x/10
```

```
grid = (-10, 18, 0.1)
global_min = optimize.brute(func_min, (grid,))          # 调用 brute 方法求函数最小值
plt.scatter(global_min, func_min(global_min), linewidths=9)
```

输出结果如图 7-8 所示。虽然使用 brute 方法可以很好地求出目标函数的全局最小值,但是在数据很大的情况下,使用 brute 方法求解需要更多的时间。

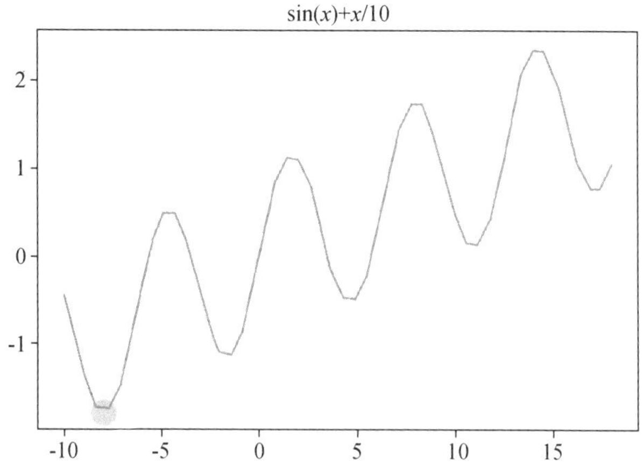

图 7-8　使用 brute 方法求全局最小值

7.8.3　fsolve 方法

fsolve 方法隶属于 optimize 模块,作用是求解方程及方程组的解。fsolve 方法定义如下:

```
fsolve(func(x), x0, args=(), ...)
```

fsolve 方法的常用参数有两个:func(x)是计算方程组误差的函数,它的参数 x 是一个矢量,表示方程组的各个未知数的一组可能解,func 返回将 x 代入方程组之后得到的误差;x0 为未知数矢量的初始值;args 为 func 函数需要的额外参数。

1. 求解一元方程组

【示例 7-32】

```
import numpy as np
import matplotlib.pyplot as plt
from scipy.optimize import fsolve
x = np.linspace(-10, 1)
y1, y2 = 2*np.sin(x), np.exp(x) + 0.5               # 定义方程组函数
plt.plot(x, y1, 'r', x, y2, 'b--')
plt.title('$sin(x)$ and $e^x-0.5$')
```

```
def func_eq(x):
    return np.array(2 * np.sin(x) -np.exp(x) -0.5)

res = fsolve(func_eq, [-9, -6, -3])              # 调用 fsolve 方法
print('要求解的方程的根 =', res)
print('方程的根对应的函数值 =', 2 * np.sin(res))
plt.scatter(res, 2 * np.sin(res), linewidths=9)
plt.show()
```

执行结果:

```
要求解的方程的根 = [-9.67749058 -6.02926174 -3.41135076]
方程的根对应的函数值 = [0.50006268 0.50240727 0.5329966 ]
```

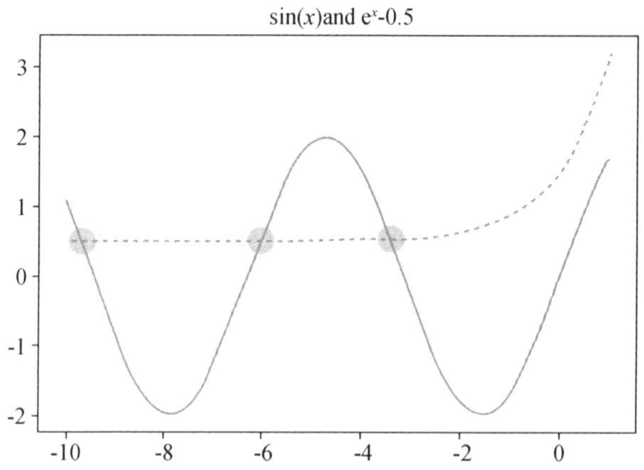

图 7-9　求解一元方程组

2. 求解非线性方程组

【示例 7-33】

```
import numpy as np
import matplotlib.pyplot as plt
from scipy.optimize import fsolve

def func_eqs(x):
    x0, x1 = float(x[0]), float(x[1])
    return np.array([3 * x0+2 * x1-3, x0-2 * x1-5])              # 定义方程组
sol2_fsolve = fsolve(func_eqs, [0, 0])
print('方程组的根 =', sol2_fsolve)
```

由于fsolve方法在调用函数f时，传递的参数为数组，因此如果直接使用数组中的元素计算的话，计算速度将会有所降低，因此这里先使用float方法将数组中的元素转换为Python中的标准浮点数。其执行结果：

```
方程组的根 = [ 2.   -1.5]
```

7.9 线性代数

scipy.linalg模块提供了线性代数中运算的基本方法。例如，求解矩阵的行列式、求矩阵的逆、解线性方程组、求解特征值和特征向量等。

【示例7-34】

```
import numpy as np
from scipy.linalg import det, eig, eigvals, inv, solve

a = np.array([[0, 2, 3], [4, 5, 6], [7, 8, 9]])                # 生成矩阵
print('矩阵行列式:', det(a))                                    #计算矩阵的行列式
print('-' * 10)
a = np.array([[1., 2.], [3., 4.]])                              # 生成矩阵
print('矩阵的逆:', inv(a))                                      # 计算矩阵的逆
print('-' * 10)
a = np.array([[3, 2, 0], [1, -1, 0], [0, 5, 1]])               # 定义方程组的系数
b = np.array([2, 4, -1])
x = solve(a, b)                                                 # 解线性方程组
print('方程组的解:', x)
print(np.dot(a, x)==b)
print('-' * 10)
a = np.array([[0., 1.], [1., 0.]])
values, vectors = eig(a)                                        # 求特征值和特征向量
print('特征值:', values)
print('特征向量:', vectors)
```

执行结果：

```
矩阵行列式: 3.0
----------
矩阵的逆: [[-2.    1. ]
[ 1.5 -0.5]]
----------
方程组的解: [ 2. -2.  9. ]
```

```
[ True   True   True]-----------
特征值：[ 1. +0. j -1. +0. j]
特征向量：[[ 0.70710678 -0.70710678]
[ 0.70710678  0.70710678]]
```

7.10 稀疏矩阵

在科学与工程领域求解线性模型时，经常出现许多大型的矩阵，这些矩阵中大部分元素都为0，被称为稀疏矩阵。用NumPy的ndarray数组保存这样的矩阵很浪费内存。由于矩阵的稀疏特性，可以通过只保存非零元素的相关信息，从而节约内存的使用。此外，针对这种特殊结构的矩阵设计运算函数，可以提高矩阵的运算速度。

scipy. sparse中提供了多种表示稀疏矩阵的格式，scipy. sparse. linalg提供了对这些矩阵进行线性代数运算的函数，scipy. sparse. csgraph提供对用稀疏矩阵表示的图进行搜索的函数。本节首先介绍表示稀疏矩阵的各种格式，然后介绍如何使用csgraph中的函数搜索最佳路径。

7.10.1 稀疏矩阵的存储形式

scipy. sparse中提供了多种表示稀疏矩阵的格式，每种格式都有不同的用处，其中dok_matrix和lil_matrix适合逐渐添加元素。

dok_matrix从dict继承而来，它采用字典保存矩阵中的非零元素。字典的键是一个保存元素(行，列)信息的元组，其对应的值为矩阵中位于(行，列)中的元素值。显然，字典格式的稀疏矩阵很适合单个元素的添加、删除和存取操作。dok_matrix通常用来逐个添加非零元素，然后转换成其他支持快速运算的格式。

【示例7-35】

```
from scipy import sparse
a = sparse. dok_matrix((10, 5))
a[2:5, 3] = 1.0, 2.0, 3.0
print(a. keys())
print(a. values())
```

执行结果：

```
dict_keys([(2, 3), (3, 3), (4, 3)])
dict_values([1.0, 2.0, 3.0])
```

lil_matrix使用两个列表保存非零元素，其中data保存每行中的非零元素，rows保存非零元素所在的列。这种格式也很适合逐个添加元素，并且能快速获取相关的数据。

```
from scipy import sparse
```

```
b = sparse.lil_matrix((10, 5))
b[2, 3] = 1.0
b[3, 4] = 2.0
b[3, 2] = 3.0
print(b.data)
print(b.rows)
```

执行结果：

```
[list([]) list([]) list([1.0]) list([3.0, 2.0]) list([]) list([]) list([])
 list([]) list([]) list([])]
[list([]) list([]) list([3]) list([2, 4]) list([]) list([]) list([])
 list([]) list([]) list([])]
```

coo_matrix 采用三个数组 row、col 和 data 保存非零元素的信息。这三个数组的长度相同，row 保存元素的行，col 保存元素的列，data 保存元素的值。coo_matrix 不支持元素的存取和增删，一旦创建后，除了将其转换成其他格式的矩阵，几乎无法对其做任何操作和矩阵运算。

coo_matrix 支持重复元素，即同一行列坐标可以出现多次，当转换为其他格式的矩阵时，将对同一行列坐标对应的多个值进行求和。在下面的例子中，(2,3)对应两个值，即 1 和 10，在将其转换为 ndarray 数组时这两个值相加，所以最终矩阵中(2,3)坐标上的值为 11。

许多稀疏矩阵的数据都是采用这种格式保存在文件中的，例如某个 CSV 文件中可能有这样三列："用户 ID，商品 ID，评价值"。采用 numpy.loadtxt 或 pandas.read_csv 将数据读入之后，可以通过 coo_matrix 快速将其转换成稀疏矩阵：矩阵的每行对应一位用户，每列对应一个商品，而元素值为用户对商品的评价。

【示例 7-36】

```
from scipy import sparse
row = [2, 3, 3, 2]
col = [3, 4, 2, 3]
data = [1, 2, 3, 10]
c = sparse.coo_matrix((data, (row, col)), shape=(5, 6))
print(c.col, c.row, c.data)
print(c.toarray())
```

执行结果：

```
[3 4 2 3] [2 3 3 2] [ 1  2  3 10]
[[ 0  0  0  0  0  0]
 [ 0  0  0  0  0  0]
 [ 0  0  0 11  0  0]
 [ 0  0  3  0  2  0]
```

```
[ 0  0  0  0  0  0]]
```

7.10.2 稀疏矩阵表示图

稀疏矩阵可以用于表示图,利用 $w[i, j]$ 保存图中节点 i 和节点 j 之间路径的权值。若节点 i 与 j 之间没有直接路径,则稀疏矩阵不包含该下标,因此使用稀疏矩阵可以表示权值为 0 的路径。

对图 7-10 中 A、B、C、D 这 4 个节点分别编号为 0、1、2、3,于是可以构造稀疏矩阵。注意,当将稀疏矩阵转换为数组显示时,矩阵中未设置的值默认为 0,这并不表示图中有权值为 0 的边。当用稀疏矩阵表示无向图时,只需要设置 $w[i, j]$ 或 $w[j, i]$ 中的一个即可。

【示例 7-37】

```
from scipy import sparse
w = sparse.dok_matrix((4, 4))

edges = [(0, 1, 10), (1, 2, 5), (0, 2, 3),
   (2, 3, 7), (3, 0, 4), (3, 2, 6)]

for i, j, v in edges:
     w[i, j] = v

print(w.todense())
```

执行结果:

```
[[ 0. 10.  3.  0.]
[ 0.  0.  5.  0.]
[ 0.  0.  0.  7.]
[ 4.  0.  6.  0.]]
```

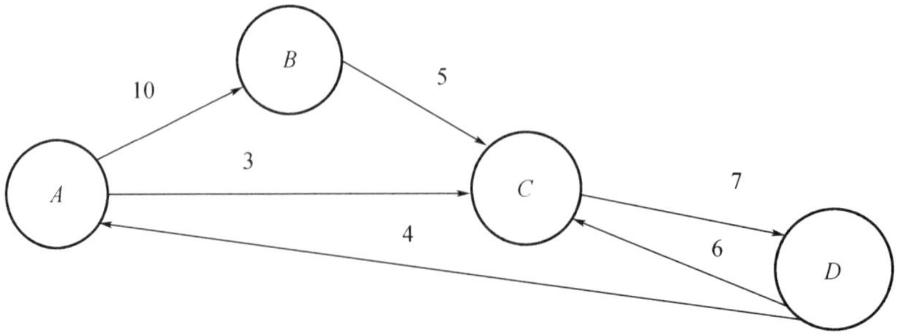

图 7-10 使用稀疏矩阵表示有向图

第 8 章　绘图工具 Matplotlib

Python 具有多样化的可视化环境,为各种可视化需求提供了充足的选项。在 Python 中制作绘图或图表需要外部库,其中最常用的绘图库是 Matplotlib,使用 Matplotlib 库可以生成各种类型的图形。本章将使用 Matplotlib 库,在 Python 中探索传统的科学可视化。

8.1　Matplotlib　基　础

如果熟悉 MATLAB 中的基本绘图,那么使用 Matplotlib 非常容易,主要区别在于需要将 Matplotlib 导入库,可以导入整个库或一个或多个函数。为简单起见,可以利用下述命令导入整个库。

```
import matplotlib.pyplot as plt
```

8.1.1　典型图表类型及绘制

在科学研究中,最常用的图表类型包括折线图、柱状图、饼图、直方图、双轴图等,下面将介绍这些典型图表的绘制方法。

1. 折线图

折线图能展示数据随变量变化的趋势,通常用于时间序列数据或连续变量的可视化。折线图使用函数 plt. plot 绘制。例如,绘制 x 与 y 的关系图,假设 x 是一个时间序列,而 y 是对应幅值,示例如下所示。

【示例 8-1】

```
import matplotlib.pyplot as plt

x = [0.1, 0.2, 0.3, 0.4, 0.5]
y = [1, 1.5, 0.7, -1, 0.5]

plt.plot(x,y)
plt.show()
```

示例用 plt. plot( ) 函数绘制了一条线,然后用 plt. show( ) 显示图像,绘图结果如图 8-1 所示。

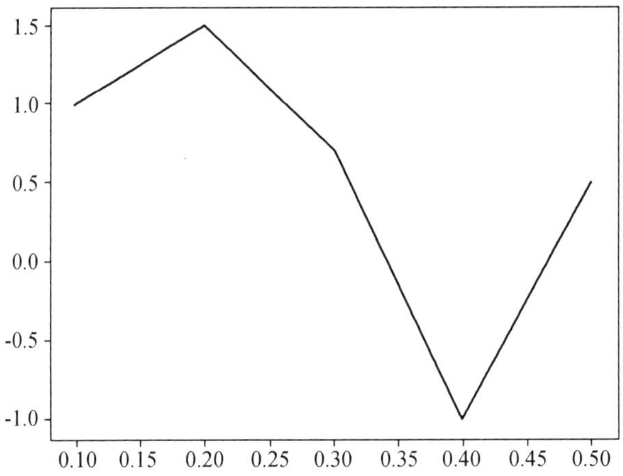

图 8-1　折线图

2. 柱状图

柱状图能展示类别数据的大小或数量差异,通常用于比较不同类别的数据。柱状图使用函数 plt. bar( )绘制。例如,绘制类别与数值关系图,假设横轴是类别序列,而纵轴是对应的数值,示例如下所示。

【示例 8-2】

```
import matplotlib. pyplot as plt

categories = ['A', 'B', 'C', 'D']
values = [20, 15, 25, 30]

plt. bar(categories, values)
plt. show( )
```

绘图结果如图 8-2 所示结果。

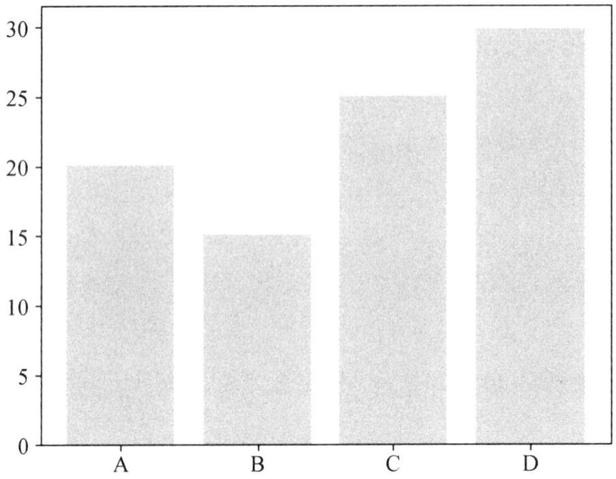

图 8-2　柱状图

3. 饼图

饼图适合展示数据的相对比例,通常适用于展示部分和整体的关系。饼图使用函数plt. pie( )绘制。例如,绘制部分与整体关系图,给出各部分对应标签名称和占比,示例如下所示。

【示例 8-3】

```
import matplotlib. pyplot as plt

labels = ['A', 'B', 'C', 'D']
sizes = [25, 30, 15, 30]

plt. pie( sizes, labels =labels, autopct ='%1. 1f%%', startangle =140)
plt. show( )
```

其中,第四行 autopct ='%1. 1f%%' 是一个格式化字符串,用于控制饼图内显示的百分比格式,%1. 1f%%用于显示一位小数的百分比。startangle = 140 是起始角度,即第一个扇区的起始位置,这里设置为 140,意味着第一个扇区从 140°位置,逆时针方向绘制饼图。绘图结果如图 8-3 所示。

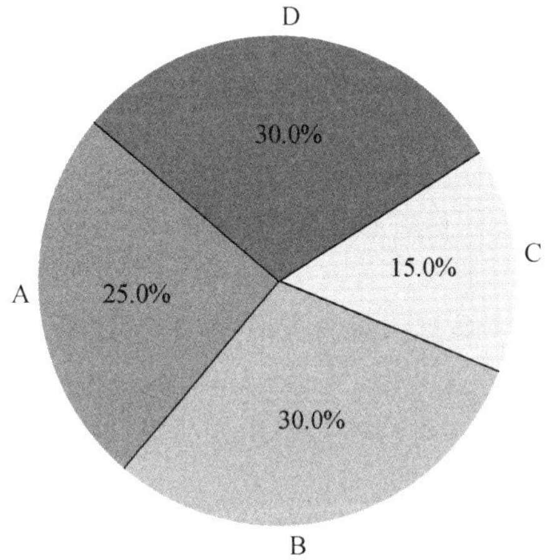

图 8-3　饼图

4. 直方图

直方图可以用于展示数据的分布情况,例如观察数据的中心趋势、偏态和异常值等。以下示例使用 hist( ) 函数创建一个直方图。

【示例 8-4】

```
import matplotlib. pyplot as plt
import numpy as np

data = np. random. randn(1000)
```

```
plt.hist(data, bins=30, color='skyblue', alpha=0.8)

plt.title('RUNOOB hist() Test')
plt.xlabel('Value')
plt.ylabel('Frequency')
plt.show()
```

绘图结果如图 8-4 所示。

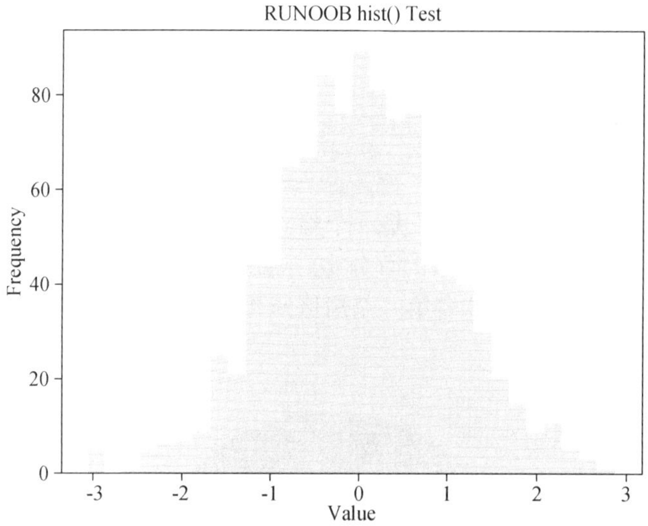

图 8-4 直方图

hist()函数还可以绘制多个数据组的直方图,并进行比较,如以下示例所示。

【示例 8-5】

```
import matplotlib.pyplot as plt
import numpy as np

data1 = np.random.normal(0, 1, 1000)
data2 = np.random.normal(2, 1, 1000)
data3 = np.random.normal(-2, 1, 1000)

plt.hist(data1, bins=30, alpha=0.5, label='Data 1')
plt.hist(data2, bins=30, alpha=0.5, label='Data 2')
plt.hist(data3, bins=30, alpha=0.5, label='Data 3')

plt.title('RUNOOB hist() TEST')
plt.xlabel('Value')
```

```
plt.ylabel('Frequency')
plt.legend()
plt.show()
```

上述示例通过设置不同的均值和标准差,生成具有不同分布特征的三组不同的随机数据,并使用 hist()函数绘制了它们的直方图。设置 bins 参数为 30,即将数据范围分成 30 份等宽的区间,然后统计每个区间内数据的频数。设置 alpha 参数为 0.5,使每个直方图的颜色透明度为 50%。使用 label 参数设置每个直方图的标签以便在图例中显示。使用 legend()函数显示图例。最后,使用 title()、xlabel()和 ylabel()函数设置图表的标题和坐标轴标签。绘制结果如图 8-5 所示。从图中可以清晰地看出这三组数据的分布情况,其中 data1 和 data2 分布接近正态分布,而 data3 分布偏态。这种比较直方图的方式可以帮助分析和比较不同数据组的分布情况。

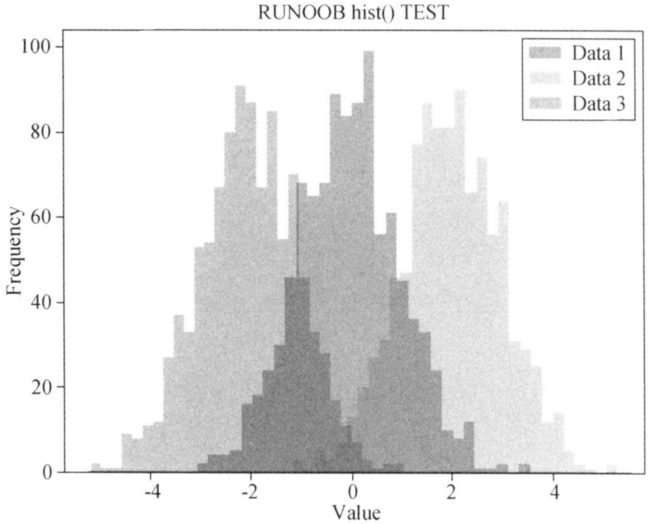

图 8-5　多个数据组的直方图

5. 双轴图

Matplotlib 提供的轴具有双轴特性,它允许显示两个相互覆盖的独立轴,可以绘制两个不同的量,也可以在同一图形中使用不同的单位。

下面是演示该特性的一个简单示例,生成的图形如图 8-6 所示。使用 twinx 方法(还有 twiny 方法)生成第二个 Axes,使该图具有共享的 x 轴和一个新的独立的 y 轴,新的 y 轴显示在图的右侧。

【示例 8-6】

```
import numpy as np
import matplotlib.pyplot as plt

fig, ax1 = plt.subplots(figsize=(8, 4))
```

```
r = np.linspace(0, 5, 100)
a = 4 * np.pi * r * * 2
v = (4 * np.pi / 3) * r * * 3

ax1.set_title(" Surface Area and Volume of a Sphere", fontsize=16)
ax1.set_xlabel(" Radius[m]", fontsize=16)

ax1.plot(r, a, lw=2, color=" blue")
ax1.set_ylabel(r" Surface Area ( $m^2$)", fontsize=16, color=" blue")
for label in ax1.get_yticklabels():
    label.set_color(" blue")

ax2 = ax1.twinx()
ax2.plot(r, v, lw=2, color=" red")
ax2.set_ylabel(r" Volume ( $m^3$)", fontsize=16, color=" red")
for label in ax2.get_yticklabels():
    label.set_color(" red")
plt.show()
```

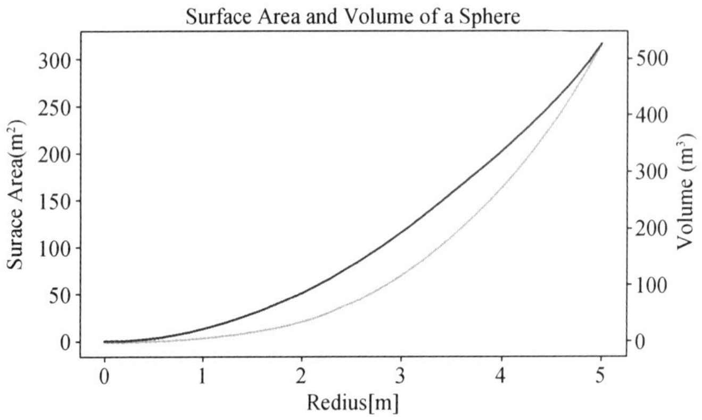

图 8-6 双轴图

8.1.2 定制标题、标签和图例

绘图时,通常会涉及标题、标签和图例的添加。标题用于描述整个图表的内容或主题,标签用于描述坐标轴上的数据类型和单位,图例用于区分不同数据集或曲线。添加标题、轴标签和图例分别使用以下语句:

```
plt.title('Line chart')
plt.xlabel('Time(s)')
```

```
plt.ylabel('Amplitude')
plt.legend()
```

下面以折线图绘制为例,绘制具有两组 y 数据的双折线图。

【示例 8-7】

```
import matplotlib.pyplot as plt

x = [0.1, 0.2, 0.3, 0.4, 0.5]
y1 = [1.0, 1.5, 0.7, 1.0, 0.5]
y2 = [0.5, 0.8, 0.3, 0.7, 1.2]

plt.plot(x, y1, label='y1')
plt.plot(x, y2, label='y2')
plt.title('Line chart')
plt.xlabel('Time(s)')
plt.ylabel('Amplitude')
plt.legend()
plt.show()
```

上述命令中,第 5 和第 6 行使用 label 参数指定每条线的标签,用于后续图例的显示。Matplotlib 会根据每条线的 label 参数自动添加相应内容,绘图结果如图 8-7 所示。

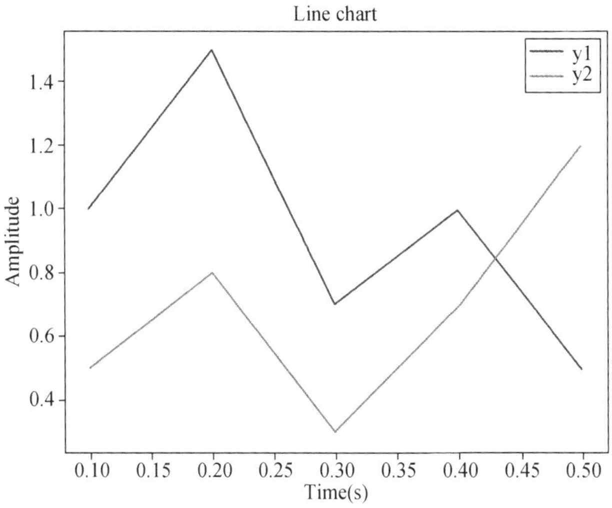

图 8-7　双折线图的标题、标签、图例定制

8.1.3　坐标轴与网格线

二维图形有两个轴对象:水平的 x 轴和垂直的 y 轴。每个坐标轴都可以对轴范围、刻

度、刻度标签的位置、轴本身的位置和外观等属性单独进行配置。

1. 轴范围

默认情况下,Matplotlib 的 x 轴和 y 轴的范围会自动调整,通常使用默认范围就足够了,但在某些情况下可能需要设置特定轴范围。在这种情况下,可以使用 plt. xlim(xmin, xmax)和 plt. ylim(ymin, ymax)方法。这两个方法都接受两个参数,分别指定要在轴上显示的下限和上限。

【示例 8-8】

```
import matplotlib.pyplot as plt

x = [0.1, 0.2, 0.3, 0.4, 0.5]
y = [1.0, 1.5, 0.7, 1.0, 0.5]

plt.plot(x, y)
plt.xlim(0, 0.6)
plt.ylim(0, 2.0)
plt.show()
```

绘制结果如图 8-8 所示。

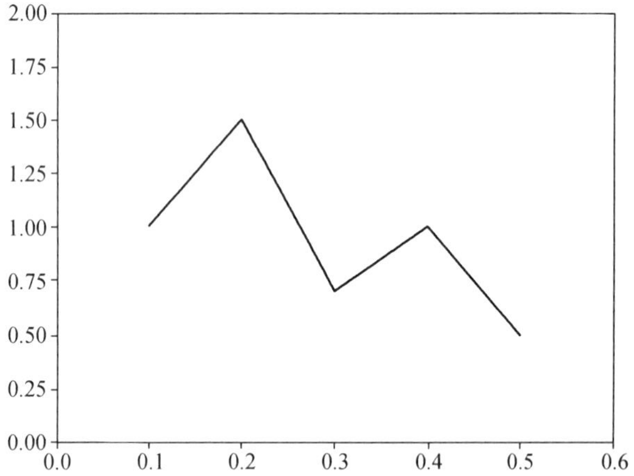

图 8-8 设置坐标轴范围

也可以使用函数 axis()代替 plt. xlim(xmin, xmax)和 plt. ylim(ymin, ymax)方法,它的使用方式如下:

```
plt.axis([xmin, xmax, ymin,ymax])
```

2. 轴刻度及刻度标签

轴刻度是图形整体外观的重要组成部分,需要进行详细控制。Matplotlib ticker 的模块提供了一个通用和可扩展的 tick 管理系统,可以完全控制 tick 的位置。Matplotlib 可以区分大刻度和小刻度。默认情况下,每个主要刻度都有相应的标签,主要刻度之间的距离可以用没有标签的小刻度进一步标记。

在处理刻度的配置时,最常见的设计目标是确定带标签的主要刻度应该沿着坐标轴放置在哪里。例如,mpl. ticker. MaxNLocator 可用于设置刻度的最大数量(未指定的位置),mpl. ticker. MultipleLocator 可用于在给定基数的倍数处设置刻度,mpl. ticker. FixedLocator 可用于在显式指定的坐标处放置刻度。要更改刻度条放置方法,可以使用 Axes. xaxis 和 Axes. yaxis 中的 set_major_locator 和 set_minor_locator 方法。这些方法接受在 mpl 中定义的实例,或从这些类之一派生的自定义类。

当需要指定刻度位置时,还可以使用 set_xticks 和 set_yticks 方法,它们接受放置主要刻度的坐标列表。在这种情况下,也可以使用 set_xticklabels 和 set_yticklabels 为每个标记设置自定义标签,使用字符串列表作为相应标记的标签。可能的话,最好使用通用的标记放置策略,例如 MaxNLocator,因为如果坐标范围发生变化,它们会动态调整,而使用 set_xticks 和 set_yticks 的显式标记位置则需要手动更改代码。但是,当需要控制刻度的确切位置时,set_xticks 和 set_yticks 是更方便的方法。

下面的代码演示了如何使用上面几段讨论的方法组合来改变默认的刻度位置,生成的图形如图 8-9 所示。

【示例 8-9】

```
import numpy as np
import matplotlib. pyplot as plt
import matplotlib as mpl

x = np. linspace( -2 * np. pi, 2 * np. pi, 500)
y = np. sin(x) * np. exp( -x * * 2 / 20)

fig, axes = plt. subplots(1, 4, figsize=(12, 3))

axes[0]. plot(x, y, lw=2)
axes[0]. set_title(" default ticks" )

axes[1]. plot(x, y, lw=2)
axes[1]. set_title(" set_xticks" )
axes[1]. set_yticks([-1, 0, 1])
axes[1]. set_xticks([-5, 0, 5])

axes[2]. plot(x, y, lw=2)
axes[2]. set_title(" set_major_locator" )
axes[2]. xaxis. set_major_locator(mpl. ticker. MaxNLocator(4))
axes[2]. yaxis. set_major_locator(mpl. ticker. FixedLocator([-1, 0, 1]))
```

```
axes[2].xaxis.set_minor_locator(mpl.ticker.MaxNLocator(8))
axes[2].yaxis.set_minor_locator(mpl.ticker.MaxNLocator(8))

axes[3].plot(x, y, lw=2)
axes[3].set_title("set_xticklabels")
axes[3].set_yticks([-1, 0, 1])
axes[3].set_xticks([-2 * np.pi, -np.pi, 0, np.pi, 2 * np.pi])
axes[3].set_xticklabels([r'$-2\pi$', r'$-\pi$', '0', r'$\pi$', r'$2\pi$'])
x_minor_ticker = mpl.ticker.FixedLocator([-3 * np.pi / 2, -np.pi / 2, 0, np.pi /
2, 3 * np.pi / 2])
axes[3].xaxis.set_minor_locator(x_minor_ticker)
axes[3].yaxis.set_minor_locator(mpl.ticker.MaxNLocator(4))

plt.tight_layout()
plt.show()
```

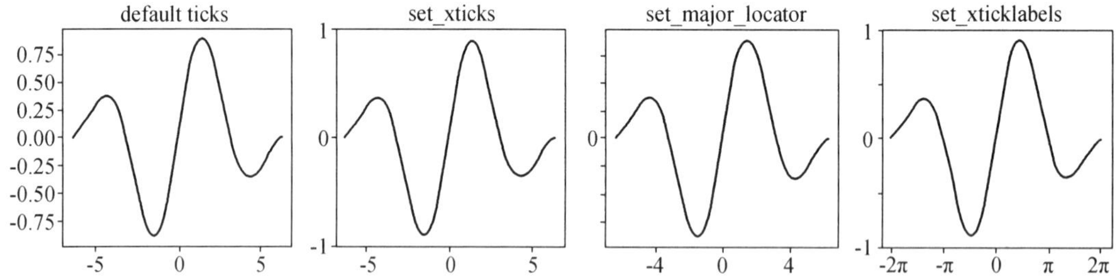

图 8-9　设置刻度的位置和外观的不同方法

3. 自定义记号标签

除了设置刻度条，Matplotlib mpl.ticker 模块还提供了用于自定义记号标签的类。例如，mpl.ticker 模块中的 ScalarFormatter 可用于设置使用科学表示法的刻度标签。如果使用 set_scientific 方法激活科学记数法，可以控制 set_powerrimits 方法使用科学记数的阈值（默认情况下，使用不会显示小数字的勾号标签科学表示法），并且可以在创建 ScalarFormatter 实例时使用 useMathText=True 参数，以便以数学样式显示指数，而不是使用代码样式的指数（例如，1e10）。有关在刻度标签中使用科学记数法的示例如下，示例的绘制结果如图 8-10 所示。

【示例 8-10】

```
import numpy as np
import matplotlib.pyplot as plt
import matplotlib as mpl
```

```
x = np.linspace(0, 1e5, 100)
y = x ** 2

fig, axes = plt.subplots(1, 2, figsize=(8, 3))

axes[0].plot(x, y, 'b.')
axes[0].set_title("Default Labels", loc='right')

axes[1].plot(x, y, 'b')
axes[1].set_title("Scientific Notation Labels", loc='right')

formatter = mpl.ticker.ScalarFormatter(useMathText=True)
formatter.set_scientific(True)
formatter.set_powerlimits((-1, 1))
axes[1].xaxis.set_major_formatter(formatter)
axes[1].yaxis.set_major_formatter(formatter)

plt.tight_layout() plt.show()
```

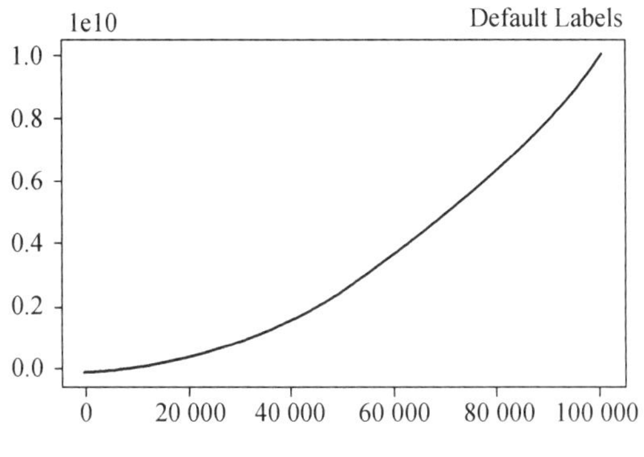

(a)默认标签格式

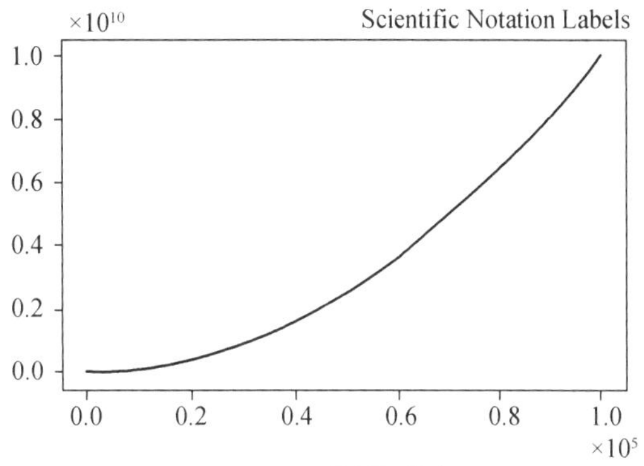

(b)科学记数法

图 8-10　用科学记数法标注刻度的图表

4. 网格线

图表中另一个常用的设计元素是网格线,当从图中读取数值时,网格线可以用作视觉指导。网格和网格线与轴刻度密切相关,因为它们是在相同的坐标值上绘制的,因此本质上是跨越图形的刻度的扩展。在 Matplotlib 中,可以使用轴的网格方法打开轴网格。grid 方法采用可选的关键字参数,用于控制网格的外观。与 Matplotlib 中的许多绘图函数一样,grid 方法接收参数 color、linestyle 和 linewidth,用于指定网格线的属性。此外,它还接收参数 which 和 axis,可以分别被赋值为 'major'、'minor' 或 'both',以及 'x'、'y' 或 'both'。这些参数用于指示将给定样式应用于哪个轴上的哪个刻度。如果需要几种不同的网格线样式,则可以使用多个调用添加网格线。以不同的方式设置网格线的样式示例如下,其生成的图形如图8-11所示。

【示例 8-11】

```
import matplotlib.pyplot as plt
import matplotlib as mpl
import numpy as np

x = np.linspace(0, 10, 100)
y = np.sin(x)

fig, axes = plt.subplots(1, 3, figsize=(12, 4))

x_major_ticker = mpl.ticker.MultipleLocator(4)
x_minor_ticker = mpl.ticker.MultipleLocator(1)
y_major_ticker = mpl.ticker.MultipleLocator(0.5)
y_minor_ticker = mpl.ticker.MultipleLocator(0.25)

for ax in axes:
    ax.plot(x, y, lw=2)
    ax.xaxis.set_major_locator(x_major_ticker)
    ax.yaxis.set_major_locator(y_major_ticker)
    ax.xaxis.set_minor_locator(x_minor_ticker)
    ax.yaxis.set_minor_locator(y_minor_ticker)

axes[0].set_title("default grid")
axes[0].grid()

axes[1].set_title("major/minor grid")
axes[1].grid(color="blue", which="both", linestyle=':', linewidth=0.5)

axes[2].set_title("individual x/y major/minor grid")
axes[2].grid(color="grey", which="major", axis='x', linestyle='-', linewidth=0.5)
axes[2].grid(color="grey", which="minor", axis='x', linestyle=':', linewidth=0.25)
axes[2].grid(color="grey", which="major", axis='y', linestyle='-', linewidth=0.5)

plt.tight_layout()
plt.show()
```

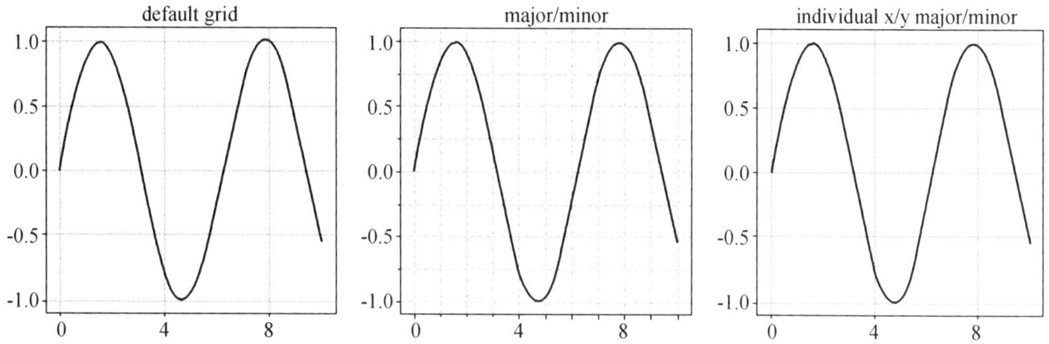

图 8-11 使用网格线的图表

8.1.4 图表保存与导出

将图形保存到文件中可以使用 savefig 方法。这个方法接收一个字符串作为第一个参数,输出文件名,以及几个可选的关键字参数。默认情况下,输出文件格式将由 filename 参数的文件扩展名确定,也可以使用 format 参数显式指定格式。输出格式取决于使用哪种 Matplotlib 后端,但通常的选项是 PNG、PDF、EPS 和 SVG 格式。生成图像的分辨率可以用 dpi 参数设置。dpi 代表"每英寸点数"。由于图形大小是使用 figsize 参数以英寸为单位指定的,因此可以将这些数字相乘得到以像素为单位的输出图像的大小。例如,当 figsize=(8,6)和 dpi=100 时,生成的图像的大小为 800 像素×600 像素。savefig 方法还接收一些与 plt 方法类似的参数,例如 facecolor 参数。需要注意的是,尽管 facecolor 参数与 plt 一起使用,还需要使用 savefig 来指定它,以便将其应用于生成的映像文件。最后,还可以使用 transparent=True 参数将图形画布设置为透明。

下面的示例展示了图表保存和导出的指令,其结果如图 8-12 所示。

【示例 8-12】

```
import matplotlib. pyplot as plt
import numpy as np

fig = plt. figure(figsize=(8, 2.5), facecolor="#f1f1f1")

left, bottom, width, height = 0.1, 0.1, 0.8, 0.8
ax = fig. add_axes((left, bottom, width, height), facecolor="#e1e1e1")

x = np. linspace(-2, 2, 1000)
y1 = np. cos(40 * x)
y2 = np. exp(-x * * 2)
ax. plot(x, y1 * y2)
```

```
ax.plot(x, y2, 'g')
ax.plot(x, -y2, 'g')
ax.set_xlabel("x")
ax.set_ylabel("y")

fig.savefig("graph.png", dpi=100, facecolor="#f1f1f1")
```

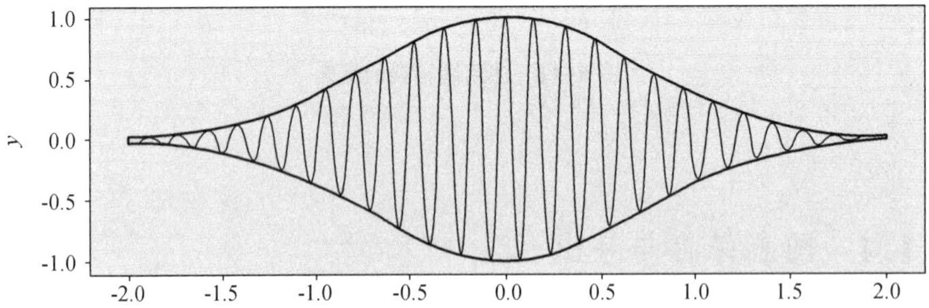

图 8-12　图表保存和导出

8.2　二维图形绘制示例

本节以几个典型示例,展示 Matplotlib 绘制二维图形的能力和自由度。

【示例 8-13】绘制正弦曲线,结果如图 8-13 所示。

```
import matplotlib.pyplot as plt
import numpy as np

x = np.arange(0, 2 * np.pi, 0.1)
y = np.sin(x)

plt.plot(x, y)
plt.title('sin(x)')
plt.xlabel('x')
plt.ylabel('y')
plt.grid()
plt.show()
```

【示例 8-14】绘制子图。

subplot 命令能够在同一窗口中显示多个绘图。键入“subplot(m,n,p)”将图形窗口划分为一个由多个小子图组成的 m×n 矩阵。绘图沿图形窗口的第一行编号,然后是第二行,依此类推,如图 8-14 所示。

利用如下的指令绘制 2 行 1 列的子图,结果如图 8-15 所示。

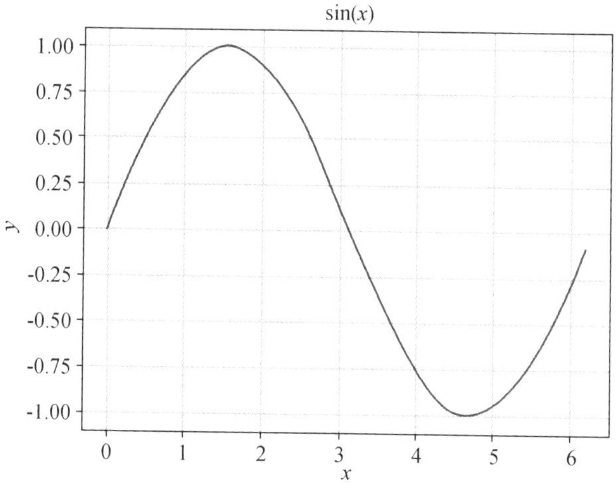

图 8-13　正弦曲线

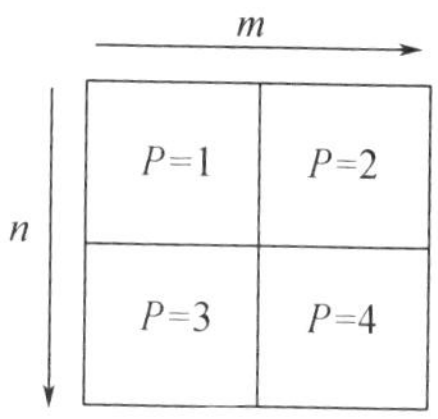

图 8-14　子图绘制顺序示意图

```
import matplotlib.pyplot as plt
import numpy as np

def f(x):
    return np.exp(-x) * np.cos(2 * np.pi * x)

x1 = np.arange(0.0, 5.0, 0.1)
x2 = np.arange(0.0, 5.0, 0.02)

plt.subplot(211)
plt.plot(x1, f(x1))
plt.subplot(212)
plt.plot(x2, np.cos(2 * np.pi * x2))
plt.show()
```

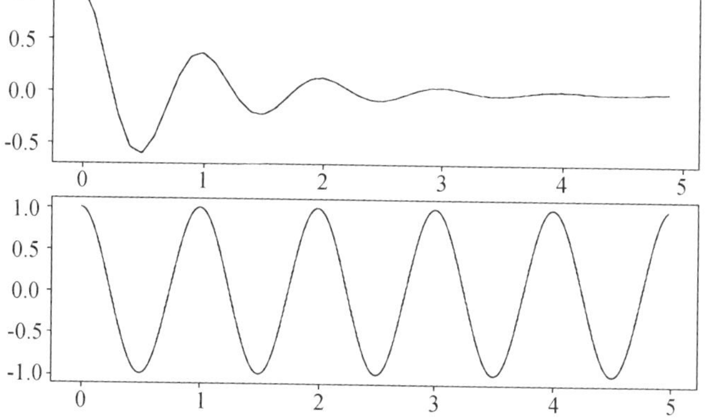

图 8-15　子图示例

【示例 8-15】多条曲线绘制。

有时我们需要在同一张图中绘制多条曲线，不同曲线的区分可以通过颜色、点的形状和线型来实现，颜色、形状和线型的控制符分别见表 8-1、表 8-2、表 8-3。

表 8-1 颜色控制符

字符	颜色
'b'	蓝色，blue
'g'	绿色，green
'r'	红色，red
'c'	青色，cyan
'm'	品红，magenta
'y'	黄色，yellow
'k'	黑色，black
'w'	白色，white

表 8-2 形状控制符

字符	类型	字符	类型
'o'	圆点	','	像素点
'^'	上三角点	'v'	下三角点
'>'	右三角点	'<'	左三角点
'2'	上三叉点	'1'	下三叉点
'4'	右三叉点	'3'	左三叉点
'p'	五角点	's'	正方点
'h'	六边形点 1	'*'	星形点
'+'	加号点	'H'	六边形点 2
'D'	实心菱形点	'x'	乘号点
'_'	横线点	'd'	瘦菱形点

表 8-3 线型控制符

字符	线型
'-'	实线
'--'	虚线
'-.'	虚点线
':'	点线
'.'	点

同时绘制多条曲线，使用关键字 color 来控制颜色，marker 控制点的形状，linestyle 控制线型，label 为该条曲线的图例，函数 plt. legend( ) 用来显示图例。多条曲线图绘制结果如图 8-16 所示。

【示例 8-16】

```
import matplotlib. pyplot as plt
import numpy as np

x = np. arange(0.0, 5.0, 0.2)
plt. plot(x, x, color='b', marker='o', linestyle='-', label='x1')
plt. plot(x, x ** 2, color='r', marker='p', linestyle='--', label='x2')
plt. plot(x, x ** 3, color='g', marker='s', linestyle=':', label='x3')
plt. legend( )
plt. show( )
```

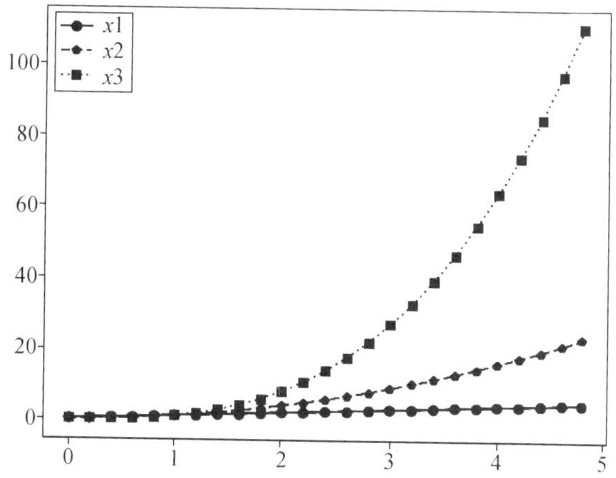

图 8-16 多条曲线图

8.3 三维图形绘制示例

matplotlib 不仅能绘制二维图形，而且可以方便地绘制三维图形。与绘制二维图形不同的是，绘制三维图形主要通过 mplot3d 模块来实现。需要注意的是，绘制三维图形时同样需要载入 pyplot 模块。

【示例 8-17】绘制三维散点图。

通过代码 from mpl_toolkits. mplot3d import Axes3D 导入 matplotlib 的三维扩展包 Axes3D，这是使用 matplotlib 进行三维图形绘制的前提。代码 fig = plt. figure ( )、ax = Axes3D(fig) 用来定义图像和三维格式坐标轴。三维散点图与二维散点图都是通过 scatter 来实现的，只不过参数值由二维坐标变为三维坐标。利用下述代码绘制图形，结果如图 8-17 所示。

```
import matplotlib.pyplot as plt
import numpy as np
from mpl_toolkits.mplot3d import Axes3D

fig = plt.figure()
ax = Axes3D(fig)

x = np.random.randint(0, 100, 500)
y = np.random.randint(0, 100, 500)
z = np.random.randint(0, 100, 500)
ax.scatter(x, y, z)
plt.show()
```

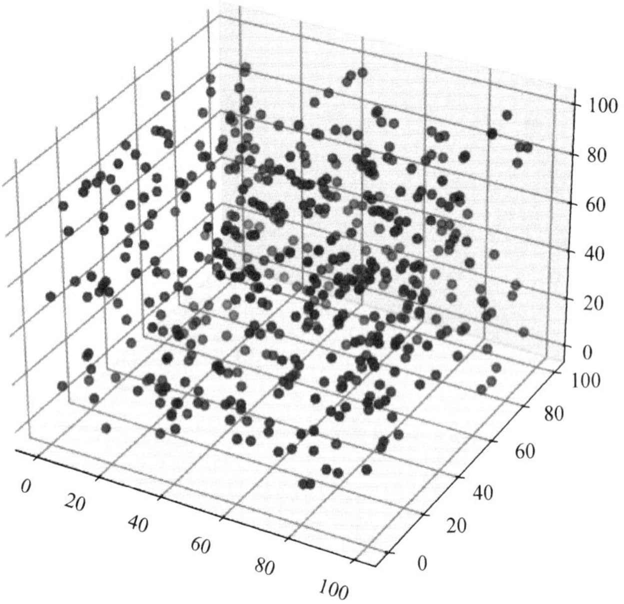

图 8-17　三维散点图

【示例 8-18】绘制三维曲线。

同样通过代码 fig = plt.figure()、ax = Axes3D(fig)来定义图像和三维格式坐标轴，调用函数 plot()实现曲线的绘制，只是参数变为三维坐标参数。利用下述代码绘制图形，结果如图 8-18 所示。

```
import matplotlib.pyplot as plt
import numpy as np
from mpl_toolkits.mplot3d import Axes3D

x = np.linspace(-6 * np.pi, 6 * np.pi, 100)
```

```
import matplotlib.pyplot as plt
y = np.sin(x)
z = np.cos(x)
fig = plt.figure()
ax = Axes3D(fig)
ax.plot(x, y, z)
plt.show()
```

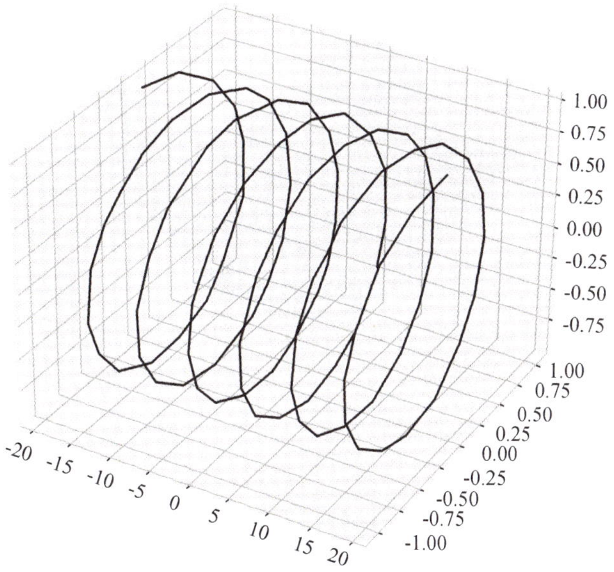

图 8-18 三维曲线图

【示例 8-19】绘制三维曲面。

使用 fun( )定义一种表示三维曲面的方法,然后通过调用 fig = plt.figure( )、ax = Axes3D(fig)创建一个三维对象,最后将一个三维坐标作为参数输入方法 plot_surface( )进行三维曲面的绘制,结果如图 8-19 所示。

```
import matplotlib.pyplot as plt
import numpy as np
from mpl_toolkits.mplot3d import Axes3D

def fun(x, y):
    return np.power(x, 2) + np.power(y, 2)
fig = plt.figure()
ax = Axes3D(fig)

x = np.arange(-2, 2, 0.1)
```

```
y = np.arange(-2, 2, 0.1)
x, y = np.meshgrid(x, y)
z = fun(x, y)
ax.plot_surface(x, y, z)
plt.show()
```

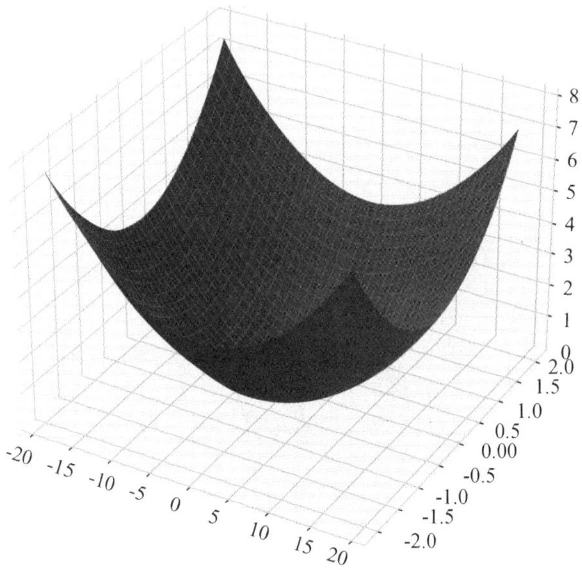

图 8-19　三维曲面

8.4　数据分析及可视化案例

8.4.1　数据清洗

在数据分析和机器学习项目中,数据清洗是一个至关重要的步骤。它涉及处理数据集中的缺失值和异常值,确保数据质量,以便后续的建模和分析能够准确、可靠地进行。本节将介绍如何使用 Python 进行数据清洗,包括缺失值处理、异常值检测,并展示如何利用数据可视化工具对清洗后的数据进行探索和分析。本例使用的测试数据 property-data.csv 见表 8-4。

表 8-4　测试数据

PID	ST_NUM	ST_NAME	OWN_OCCUPIED	NUM_BEDROOMS	NUM_BATH	SQ_FT
100001000	104	PUTNAM	Y	3	1	1000
100002000	197	LEXINGTON	N	3	1.5	—

表 8-4(续)

PID	ST_NUM	ST_NAME	OWN_OCCUPIED	NUM_BEDROOMS	NUM_BATH	SQ_FT
100003000		LEXINGTON	N	n/a	1	850
100004000	201	BERKELEY	12	1	NaN	700
	203	BERKELEY	Y	3	2	1600
100006000	207	BERKELEY	Y	NA	1	800
100007000	NA	WASHINGTON		2	HURLEY	950
100008000	213	TREMONT	Y	1	1	
100009000	215	TREMONT	Y	na	2	1800

注:上表包含了四种空数据:n/a、NA、—和 na。

1. Pandas 清洗空值

删除包含空字段的行可以使用 dropna() 方法,语法格式如下:

```
DataFrame.dropna(axis=0, how='any', thresh=None, subset=None, inplace=
False)
```

参数说明:

(1)axis:默认为 0,表示逢空值删除整行;如果设置参数 axis=1,表示逢空值去掉整列。

(2)how:默认为 'any' ,如果一行(或一列)里任何一个数据出现 NA 就删除整行(或列);如果设置 how='all',一行(或列)都是 NA 才删除整行(或列)。

(3)thresh:设置需要多少非空值的数据才可以保留下来。

(4)subset:设置想要检查的列。如果是多列,可以使用列名的列表作为参数。

(5)inplace:如果设置 True,将计算得到的值直接覆盖之前的值并返回 None,修改的是源数据。

通过 isnull() 可以判断各个单元格是否为空。

```
import pandas as pd

df = pd.read_csv('property-data.csv')
print (df['NUM_BEDROOMS'])
print (df['NUM_BEDROOMS'].isnull())
```

从以上示例可知,Pandas 把 n/a 和 NA 当作空数据,na 不是空数据,不符合要求,可以指定空数据类型。

```
import pandas as pd

missing_values = ["n/a", "na", "--"]
df = pd.read_csv('property-data.csv', na_values = missing_values)
```

```
print (df['NUM_BEDROOMS'])
print (df['NUM_BEDROOMS'].isnull())
```

通过下述指令可以删除包含空数据的行：

```
import pandas as pd

df = pd.read_csv('property-data.csv')
new_df = df.dropna()

print(new_df.to_string())
```

注意：默认情况下，dropna() 方法返回一个新的 DataFrame，不会修改源数据。如果要修改源数据的 DataFrame，可以使用 inplace=True 参数。

```
import pandas as pd

df = pd.read_csv('property-data.csv')
df.dropna(inplace = True)print(df.to_string())
```

也可以使用 fillna()方法来替换一些空字段。

```
import pandas as pd

df = pd.read_csv('property-data.csv')
df.fillna(12345, inplace = True)

print(df.to_string())
```

或指定某一个列来替换数据：

```
import pandas as pd
df = pd.read_csv('property-data.csv')
df['PID'].fillna(12345, inplace = True)
print(df.to_string())
```

2. Pandas 清洗格式错误数据

数据格式错误的单元格会使数据分析变得困难，甚至不能得到正确结果。可以通过包含空单元格的行，或者将列中的所有单元格转换为相同格式的数据来处理格式错误数据。例如，通过以下指令可以格式化日期：

```
import pandas as pd
#第三个日期格式错误
```

```
data = {
  "Date": ['2020/12/01', '2020/12/02', '20201226'],
  "duration": [50, 40, 45]
}

df = pd.DataFrame(data, index = ["day1", "day2", "day3"])
df['Date'] = pd.to_datetime(df['Date'], format='mixed')

print(df.to_string())
```

输出结果:

```
      Date  duration
day1 2020-12-01   50
day2 2020-12-02   40
day3 2020-12-26   45
```

3. Pandas 清洗错误数据

错误数据也是一种很常见的情况,可以对错误数据进行替换或移除。以下指令会替换错误年龄的数据:

```
import pandas as pd

person = {
  "name": ['Google', 'Runoob', 'Taobao'],
  "age": [50, 40, 12345]          # 12345 年龄数据是错误的
}

df = pd.DataFrame(person)
df.loc[2, 'age'] = 30             #修改数据 print(df.to_string())
```

输出结果:

```
     name  age
0  Google   50
1  Runoob   40
2  Taobao   30
```

也可以设置条件语句,如将 age 大于 120 的数据设置为 120:

```
import pandas as pd

person = {
```

```
  " name" : ['Google', 'Runoob' , 'Taobao'],
  " age" : [50, 200, 12345]
}

df = pd. DataFrame(person)
for x in df. index:
  if df. loc[x, " age" ] > 120:
    df. loc[x, " age" ] = 120

print(df. to_string())
```

输出结果：

```
     name   age
0  Google    50
1  Runoob   120
2  Taobao   120
```

4. Pandas 清洗重复数据

清洗重复数据可以使用 duplicated( )和 drop_duplicates( )方法。如果对应的数据重复，duplicated( )会返回 True，否则返回 False。

```
import pandas as pd

person = {
  " name" : ['Google', 'Runoob', 'Runoob', 'Taobao'],
  " age" : [50, 40, 40, 23]
}
df = pd. DataFrame(person)

print(df. duplicated())
```

输出结果：

```
0    False
1    False
2     True
3    Falsedtype: bool
```

可以直接使用 drop_duplicates( )删除重复的数据：

```
import pandas as pd
```

```
persons = {
    "name": ['Google', 'Runoob', 'Runoob', 'Taobao'],
    "age": [50, 40, 40, 23]
}

df = pd.DataFrame(persons)

df.drop_duplicates(inplace = True)
print(df)
```

输出结果：

```
     name   age
0  Google    50
1  Runoob    40
3  Taobao    23
```

5. 缺失值处理

缺失值是数据分析中常见的问题之一，处理不当可能导致分析结果产生偏差。Python 中的 pandas 库提供了丰富的工具处理缺失值。下面是一个简单的示例，演示如何使用 pandas 处理缺失值。首先，创建原始数据集 df 和使用列均值填充后的数据集 df_filled；然后，使用 Matplotlib 创建一个包含两个子图（ax1 和 ax2）的图形，它们在同一行显示，大小为(12, 6)。在每个子图中创建散点图，分别将 A 与 B 以及 A 与 C 进行比较，分别显示原始数据集和填充后的数据集；最后，使用 plt.tight_layout()确保子图标题、坐标轴标签和图例不重叠。

【示例 8-20】

```
import pandas as pd
import numpy as np
import matplotlib.pyplot as plt

data = {
    'A': [1, 2, np.nan, 4, 5],
    'B': [np.nan, 10, 20, np.nan, 50],
    'C': [100, 200, 300, 400, 500]
}
df = pd.DataFrame(data)

df_filled = df.fillna(df.mean())
```

```
fig, (ax1, ax2) = plt.subplots(nrows=1, ncols=2, figsize=(12, 6))
ax1.set_title('Original Dataset')
ax1.scatter(df['A'], df['B'], label='AB', color='blue')
ax1.scatter(df['A'], df['C'], label='AC', color='red')
ax1.set_xlabel('A')
ax1.set_ylabel('Values')
ax1.legend()

ax2.set_title('Filled Dataset')
ax2.scatter(df_filled['A'], df_filled['B'], label='AB', color='blue')
ax2.scatter(df_filled['A'], df_filled['C'], label='AC', color='red')
ax2.set_xlabel('A')
ax2.set_ylabel('Values')
ax2.legend()

plt.tight_layout()
plt.show()
```

结果如图 8-20 所示。

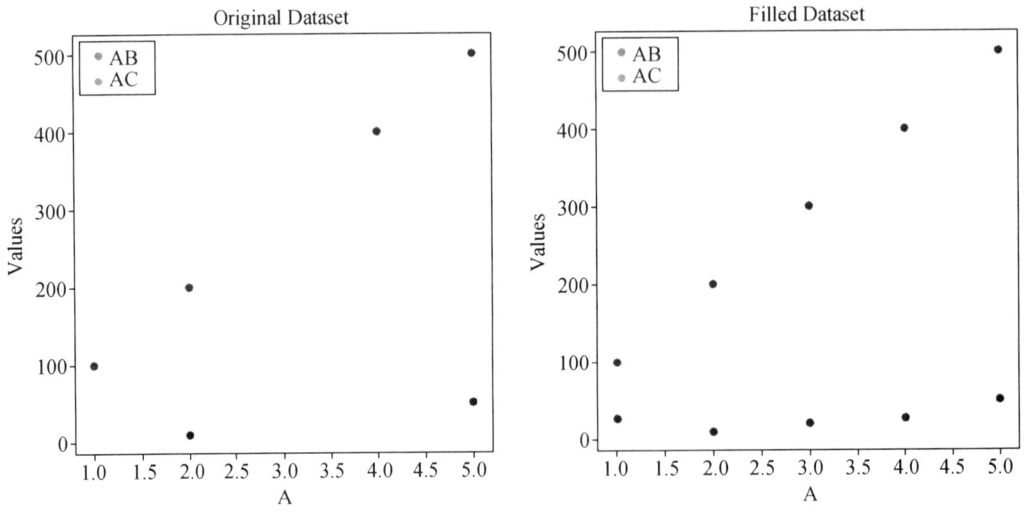

图 8-20　散点图

6. 异常值检测

异常值可能是数据中的极端值或者错误的数据点，它们可能会影响模型的训练结果。Python 中的统计学库和可视化工具可以检测和处理异常值。以下是一个使用箱线图检测异常值的示例，结果如图 8-21 所示。

【示例 8-21】

```
import seaborn as sns
import matplotlib. pyplot as plt
import pandas as pd

data = {'Values': [10, 20, 30, 150, 40, 50, 180, 70, 80, 90]}
df = pd. DataFrame( Data)

plt. figure( figsize=(6, 4))
sns. boxplot( x=df[ 'Values'] )
plt. title( 'Outlier detection-box plot')
plt. xlabel( 'Data')
plt. show( )
```

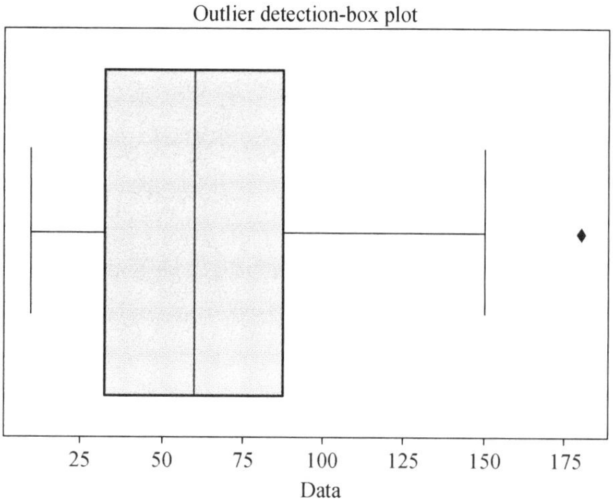

图 8-21　含异常数据的箱线图

8.4.2　数据转换与标准化

1. 数据转换

在 Python 中,数据转换指的是将一种数据类型转换为另一种数据类型的过程。Python 中常见的数据类型包括整数(int)、浮点数(float)、字符串(str)、布尔值(bool)、列表(list)、元组(tuple)、字典(dict)等。数据转换可以处理不同类型的数据,确保数据在不同操作和函数中的兼容性和正确性。

常见的数据转换包括隐式转换(implicit conversion)和显式转换(explicit conversion)。隐式转换指在某些情况下,Python 会自动进行类型转换,以便操作数能够兼容,例如整数与浮点数的运算。显式转换指有时候需要显式地将一种数据类型转换为另一种数据类型,以确保程序的正确性和预期的行为。Python 提供了几种显式转换的方法。

(1)int():将一个数值或字符串转换为整数。

(2)float():将一个数值或字符串转换为浮点数。

(3)str():将其他数据类型转换为字符串。

(4)bool():将其他数据类型转换为布尔值。

(5)list():将其他数据类型转换为列表。

(6)tuple():将其他数据类型转换为元组。

(7)dict():将其他数据类型转换为字典。

【示例 8-22】隐式转换示例。

```
num_int = 123
num_float = 456.78
result = num_int + num_float                #整数与浮点数相加,会隐式转换成浮点数
print(result)                               #输出 579.78

                                            #显式转换示例
num_str = "100"
num_int = int(num_str)                      #将字符串转换为整数
print(num_int)                              #输出 100

bool_str = "True"
bool_value = bool(bool_str)                 #将字符串转换为布尔值
print(bool_value)                           #输出 True
```

2. 数据标准化

在 Python 中,数据标准化通常指的是将数据按照一定的规则进行缩放,使数据落入特定的范围或分布。数据标准化是数据预处理的一部分,旨在确保不同特征的数据具有相似的尺度,以便更好地应用于机器学习算法或其他数据分析技术中。常见的数据标准化方法包括特征缩放和归一化两类。

特征缩放是数据标准化的一种常见形式,它可以将特征的数值缩放到一个特定的范围。常见的特征缩放方法包括 Min-Max Scaling 和 Standardization(Z-score normalization),Min-Max Scaling 将数据缩放到一个固定的最小值和最大值之间,通常是[0,1]或者[-1,1]。Standardization(Z-score normalization)指将数据按其均值和标准差进行标准化,使数据的分布具有均值为 0、标准差为 1 的特性。

【示例 8-23】Min-Max Scaling 缩放数据实例,运行结果如图 8-22 所示。

```
import numpy as np
import matplotlib.pyplot as plt
from sklearn.preprocessing import MinMaxScaler

data = np.array([[1, 2], [2, 4], [3, 6], [4, 8]])
```

```
scaler = MinMaxScaler()
data_scaled = scaler.fit_transform(data)

plt.figure(figsize=(10, 4))

plt.subplot(1, 2, 1)
plt.scatter(data[:, 0], data[:, 1], c='blue', label='Original Data')
plt.title('Original Data')
plt.xlabel('Feature 1')
plt.ylabel('Feature 2')
plt.legend()

plt.subplot(1, 2, 2)
plt.scatter(data_scaled[:, 0], data_scaled[:, 1], c='red', label='Scaled Data')
plt.title('Min-Max Scaled Data')
plt.xlabel('Feature 1 (scaled)')
plt.ylabel('Feature 2 (scaled)')
plt.legend()

plt.tight_layout()
plt.show()
```

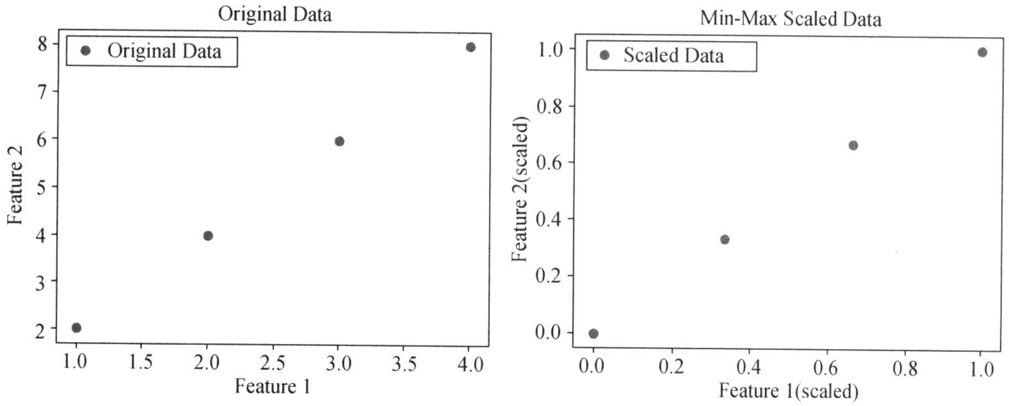

图 8-22　Min-Max Scaling 方法缩放数据

【示例 8-24】通过 Standardization 缩放数据。

Standardization (Z-score normalization)通过减去均值并除以标准差,使数据的分布具有均值为 0 且标准差为 1 的特性。示例的执行结果如图 8-23 所示。

```
import numpy as np
import matplotlib.pyplot as plt
```

```
from sklearn.preprocessing import StandardScaler

data = np.array([[1, 2], [2, 4], [3, 6], [4, 8]])

scaler = StandardScaler()

data_standardized = scaler.fit_transform(data)

plt.figure(figsize=(10, 4))

plt.subplot(1, 2, 1)
plt.scatter(data[:, 0], data[:, 1], c='blue', label='Original Data')
plt.title('Original Data')
plt.xlabel('Feature 1')
plt.ylabel('Feature 2')
plt.legend()

plt.subplot(1, 2, 2)
plt.scatter(data_standardized[:, 0], data_standardized[:, 1], c='green', label=
'Standardized Data')
plt.title('Standardized Data')
plt.xlabel('Feature 1 (standardized)')
plt.ylabel('Feature 2 (standardized)')
plt.legend()

plt.tight_layout()
plt.show()
```

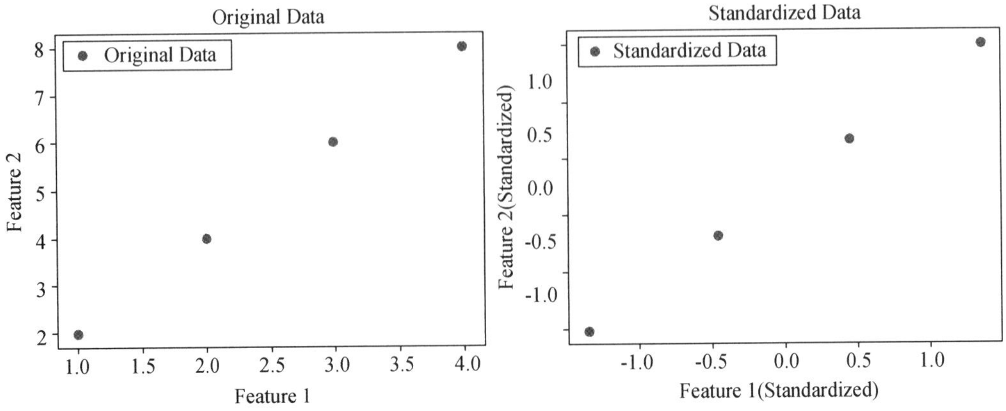

图 8-23 **Standardization 方法缩放数据**

【示例 8-25】数据归一化。

归一化通常用于将不同范围的数值统一到相同的范围内，以便比较它们的相关性。归一化不同于特征缩放，它通常是对单个样本的处理，使得样本向量的范数（如 L1 或 L2 范数）为 1。这种方法在某些机器学习算法中很有用，特别是那些依赖于向量的距离度量或角度的算法。下面是一个示例程序，演示如何对单个样本向量进行归一化（使其 L2 范数为 1），示例运行结果如图 8-24 所示。

```
import numpy as np
import matplotlib.pyplot as plt

sample = np.array([3, 4])                    #这个向量的 L2 范数为 5

l2_norm = np.linalg.norm(sample)

normalized_sample = sample / l2_norm

plt.figure(figsize=(8, 4))

plt.subplot(1, 2, 1)
plt.quiver(0, 0, sample[0], sample[1], angles='xy', scale_units='xy', scale=1,
color='blue')
plt.xlim(-1, 5)
plt.ylim(-1, 5)
plt.title('Original Vector')
plt.xlabel('X')
plt.ylabel('Y')

plt.subplot(1, 2, 2)
plt.quiver(0, 0, normalized_sample[0], normalized_sample[1], angles='xy',
scale_units='xy', scale=1, color='green')
plt.xlim(-0.5, 1.5)
plt.ylim(-0.5, 1.5)
plt.title('Normalized vector (L2 norm)')
plt.xlabel('X (normalized)')
plt.ylabel('Y (normalized)')

plt.tight_layout()
plt.show()
```

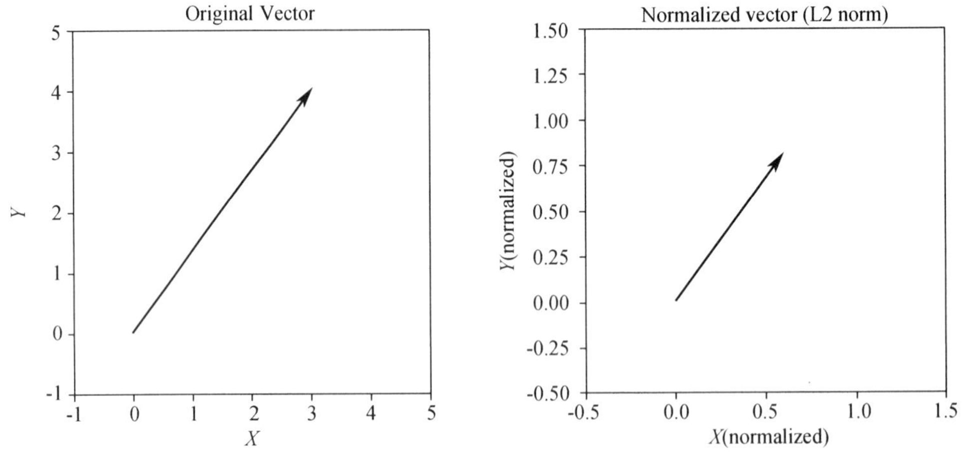

图 8-24 归一化示例

8.4.3 数据合并与重塑

在数据分析和处理过程中,数据合并(merge)与重塑(reshape)是两个关键的操作。Python 中的 Pandas 库提供了强大的工具来实现这些功能,并结合数据可视化,帮助用户更好地理解和分析数据。DataFrame 提供了各种功能来进行数据访问、筛选、分割、合并、重塑、聚合及转换等操作。

【示例 8-26】数据合并。

数据合并通常用于将多个数据集按照某些共同的键(key)连接起来,类似数据库中的 join 操作。示例代码使用 Pandas 的 merge 函数将 df1 和 df2 按照共同的键 'key' 进行内连接。内连接会保留两个数据集中都存在的键值对。

```
import pandas as pd

df1 = pd.DataFrame({'key': ['A', 'B', 'C', 'D'],
'value1': [1, 2, 3, 4]})
df2 = pd.DataFrame({'key': ['B', 'D', 'E', 'F'],
'value2': [5, 6, 7, 8]})

merged_inner = pd.merge(df1, df2, on='key', how='inner')
print("内连接结果:")
print(merged_inner)
```

【示例 8-27】数据重塑。

数据重塑是指在不改变数据内容的情况下重新排列数据的结构,常用的方法包括转置、透视表和堆叠等操作。示例代码使用 pivot_table 方法将数据集 df 根据 'A' 列和 'B' 列重新排列,并计算 'C' 列的平均值。

```
df = pd.DataFrame({'A': ['one', 'one', 'two', 'two'],
'B': ['a', 'b', 'a', 'b'],
'C': range(4)})
pivot_table = df.pivot_table(values='C', index='A', columns='B')
print("数据透视表结果:")
print(pivot_table)
```

8.4.4　数据聚合与分组

在数据分析和可视化中,数据聚合与分组是常见且重要的操作。Python 提供了强大的工具来处理这些任务。本小节将介绍几种常用的数据聚合与分组方法,并使用 Matplotlib 库展示相关的可视化效果。

NumPy 提供了另一组函数用于计算 NumPy 数组的聚合,这些函数将数组作为输入,默认情况下返回一个标量作为输出。例如,输入数组中值的平均值、标准差和方差等统计信息,以及计算数组中元素的累积和的函数,都是聚合函数。表 8-5 给出了聚合函数的说明。

表 8-5　NumPy 函数用于计算 NumPy 数组的聚合

NumPy 函数	说明
np. mean	数组中所有值的平均值
np. std	标准差
np. var	方差
np. sum	所有元素的和
np. prod	所有元素的积
np. cumsum	所有元素的累积和
np. cumprod	所有元素的累积积
np. min, np. max	数组中的最小/最大值
np. argmin, np. argmax	数组中最小/最大值的索引
np. all	如果参数数组中的所有元素都非零,则返回 True
np. any	如果参数数组中的任何元素非零,则返回 True

默认情况下,表 8-5 中的函数在整个输入数组上聚合。使用这些函数的 axis 关键字参数及其相应的 narray 方法,可以控制执行数组聚合中的哪个轴。axis 参数可以是一个整数,它指定要聚合值的轴。在许多情况下,axis 参数也可以是一个整数元组,它指定要聚合的多个轴。下面的示例演示如何调用聚合函数 np,对形状为(5,10,15)的数组求和,根据 axis 参数的值降低数组的维数。

【示例 8-28】聚合函数 np 的使用。

```
data = np.random.normal(size=(5, 10, 15))
data.sum(axis=0).shape                #输出(10, 15)
data.sum(axis=(0, 2)).shape           #输出(10,)
data.sum()                            #输出-31.983793284860798
```

【示例 8-29】基本聚合与统计。

本例使用 Pandas 库加载一个示例数据集,并进行基本的聚合统计。

```
import pandas as pd
import matplotlib.pyplot as plt
data = {
    'City': ['New York', 'Chicago', 'San Francisco', 'Boston', 'Austin'],
    'Temperature': [70, 65, 80, 75, 85],
    'Humidity': [60, 55, 70, 65, 75]
}
df = pd.DataFrame(data)

grouped = df.groupby('City').mean()

print(grouped)
```

执行结果:

```
Temperature   Humidity
City
Austin        85   75
Boston        75   65
Chicago       65   55
New York      70   60
San Francisco80   70
```

除了基本统计外,也可以使用自定义函数进行聚合,并结合数据可视化展示结果使用多级分组和透视表来处理更复杂的数据分析需求。例如,下面的代码展示了如何创建一个透视表,汇总不同城市的温度与湿度,并使用热力图进行可视化,结果如图 8-25 所示。

【示例 8-30】

```
pivot_table = pd.pivot_table(df, values=['Temperature', 'Humidity'], index='City',
aggfunc='mean')

plt.figure(figsize=(8, 6))
```

```
plt.imshow(pivot_table, cmap='coolwarm', interpolation='nearest')
plt.colorbar()
plt.title('Average Temperature and Humidity by City')
plt.xticks(range(len(pivot_table.index)), pivot_table.index, rotation=45)
plt.yticks(range(len(pivot_table.columns)), pivot_table.columns)
plt.tight_layout()
plt.show()
```

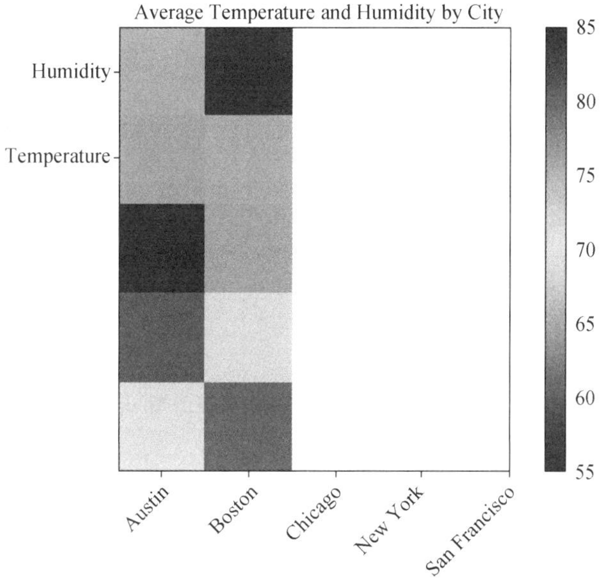

图 8-25　数据分组热力图

第 9 章 热力系统建模与仿真工具 TESPy

TESPy(Thermal Engineering Systems in Python)是一个开源的热力系统 Python 仿真工具包。它是开放能源建模框架(oemof)中的一个外部扩展模块,可以作为一个独立的工具包使用。使用 TESPy 软件包,可以计算热力系统的静态运行情况,进而预测系统非设计工况的特性。目前,该软件包包括一些基本组件,如涡轮机、泵、压缩机、热交换器、管道、混合器、分流器及一些高级组件。

本章主要介绍 TESPy 库的基本组成,包括网络结构与求解算法、组件、链接、特性线处理等,以热泵和燃气轮机燃烧室为例介绍 TESPy 工具。

9.1 TESPy 的安装及配置

TESPy 的主要特征如下:

(1)开源;

(2)通用热工应用;

(3)采用 LaTeX 编写的自动模型文档,具有高透明度和可重复性;

(4)用于实施自定义组件和组件组的可扩展框架;

(5)可进行㶲分析和流体成分分析。

在 Python 3 环境下,可以使用 pypi 指令安装最新的 TESPy 版本:

```
pip install tespy
```

9.2 TESPy 基础概念

TESPy 以组件为基础,这些组件通过连接形成拓扑网络,具体概念如下。

(1)network:用于形成部件之间的连接,包含系统的区域。

(2)componens:实体部件的模型,如压缩机、蒸发器、泵、阀门等元件。如果设置了一个组件,则必须指定一个在 network 内唯一的标签。

(3)connections:用于连接两个组件,进行两个组件之间的物理量传递。传递的物理量的基本规格包括质量流量、体积流量、压力、焓、温度、代表流体组分的向量。

组件、连接、网络的关系示意如图 9-1 所示,该图为一个小型热泵系统。

9.2.1 网络结构与求解算法

TESPy 中的热力系统通过这个热力系统的拓扑网络负责预处理、求解和后处理。

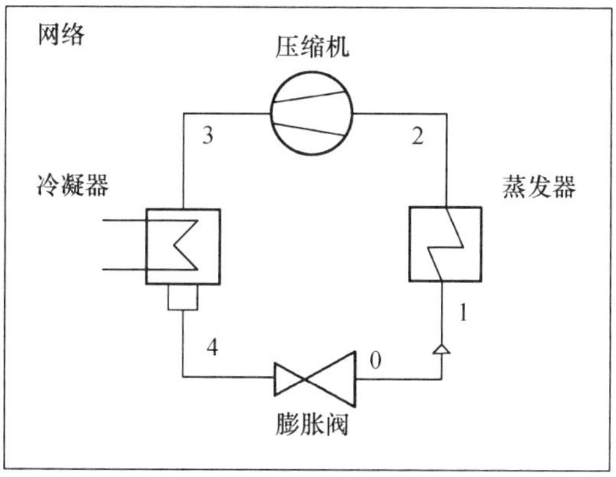

图 9-1　TESPy 建模原理

1. 设置网络

(1)创建网络及设置

TESPy 网络包含热力系统的所有数据,在计算方面由一个非线性方程组表示。TESPy 网络的系统变量是以下变量的子集:

①质量流量;

②压力;

③每个连接处流体的焓和质量分数。

求解器将在预求解步骤中简化变量空间,然后求解其余变量。如果求解的热力系统中包含混合流体,则可能需要使用系统变量的取值范围来提高算法的稳定性。例如,若热力系统中的最大压力为 10 bar,那么就将其作为压力的上限。

通过下述命令,可以导入网络结构,并命名为 my_plant:

```
from tespy. networks import Network

my_plant = Network( )
```

在导入网络结构后,可以查询热力网络的性质:

```
my_plant. p_unit
```

输出:'Pa'

通过下述命令,可以为热力系统网络设定参数的范围和单位:

```
my_plant. set_attr( p_unit='bar', h_unit='kJ / kg')
my_plant. set_attr( p_range=[0. 05, 10], h_range=[15, 2000])
my_plant. p_unit
```

输出:'bar'

```
my_plant. p_range_SI. tolist( )
```

输出:[5000.0, 1000000.0]

(2)连接

通过添加组件和组件之间的连接可以创建网络。使用下述命令直接为网络添加连接:

```
my_plant.add_conns()
```

也可以通过子系统添加连接:

```
my_plant.add_subsys()
```

(3)总线

除了普通的连接,另一种连接方式是总线(Busses),可以用于无质量能量传递的连接,例如模拟电机或发电机。通过下面的命令将总线添加到网络中:

```
my_plant.add_busses()
```

2. 求解设置

可以使用以下命令启动求解进程:

```
my_plant.solve(mode='design')
```

上述命令将初始化热力网络并进行计算。其中,计算模式是必须指定的,可用的关键字列表如下。

(1)mode:计算模式。

有两种计算模式可供选择,即设计模式和非设计模式。如果选择非设计模式作为计算模式,则必须指定设计路径。

设计模式用于设计系统,是热力系统的初次计算,而非设计计算总是基于设计计算。非设计模式用于在参数偏离设备设计点时计算设备性能,这些情况可能是部分负荷运行、在不同温度或压力水平下运行等。因此,在开始非设计计算之前,必须先对设备进行设计工况计算。将非设计模式作为计算模式后,组件和连接将切换到非设计模式。这意味着所有作为设计参数提供的参数将被取消设置,而所有作为非设计参数提供的参数将被设置。可以使用 set_attr 方法指定连接或组件的(非)设计参数。

(2)init_path:初始化的文件夹的路径。

初始化路径的使用始终是可选的。如果为网络提供了良好的起始值,求解过程的收敛性将得到改善。如果不指定 init_path,将从保存的结果进行初始化。

(3)design_path:热力系统设计点的信息所在的文件夹的路径。

(4)max_iter:求解器的最大迭代次数。

(5)min_iter:在满足收敛标准的情况下,接受解决方案前的最小迭代次数。

(6)init_only:在初始化后停止(True/False)。

(7)init_previous:使用之前模拟的起始值(True/False)。

(8)init_prevous 参数可用于设计和非设计工况的计算,其工作原理与指定 init_path 非常相似,但起始值取自之前的计算。指定 init_path 时则会覆盖 init_previous。

(9)use_cuda:使用 cuda 代替 NumPy 进行矩阵反演,通过将计算外包给显卡,在某些情况下可加快仿真速度。

3. 求解过程

TESPy 热力系统网络可以表示为非线性方程的线性系统，因此可以通过数值方法求解。TESPy 使用 n 维牛顿-拉弗森方法来求解，只有在网络参数设置正确的情况下才能求解。其求解过程如下：

（1）普通预处理

①检查网络一致性并初始化组件（如果网络拓扑结构只改变了之前的计算结果）；

②创建组件和连接的拓扑表示；

③根据拓扑网络简化变量空间；

④执行设计/非设计切换（仅适用于非设计计算）；

⑤使用 design_path 参数中的信息对非设计情况进行预处理。

网络校验用于查找网络拓扑中的错误，如果校验不成功，计算将无法开始。设计/非设计开关已经在设置网络部分进行了说明。对于非设计计算，需要使用 design_path 参数。设计点的信息将在预处理时从该路径中提取，通过下述命令可以保存网络的设计点信息：

```
my_plant.save('path/for/savestate')
```

（2）简化变量空间

为了缩小方程组的规模，在计算初始化时会对变量空间进行缩减。对于每一个主要变量（质量流量、压力、焓和流体质量分数），如果用户直接指定了一个值，那么相应的变量就会从变量空间中被删除，因为它不需要被求解。

此外，简化变量空间有三个步骤，即先后简化质量流量、流体成分、压力和焓。

首先，根据网络拓扑结构创建不同的分支。这些分支包括：

①每个连接处的质量流量都相等；

②每个连接处的流体成分都相同。

对于每个质量流分支，变量空间都被简化为单一质量流。例如，在一个简单的克劳修斯-郎肯循环中，变量空间中只有一个质量流。同样，在每一个流体成分分支中，变量空间都被简化为包含该分支中可变流体的单一矢量。例如，如果使用分流器将质量流分成两股，则分流器下游的流体成分保持不变。因此，分流器下游的所有连接都与分流器上游共享相同的流体成分。

接下来，减少流体矢量规格。假设流体分支上有几种潜在流体，如燃烧室出口处的氧气、氮气、氩气、二氧化碳和水，用户指定的所有流体质量分数将被固定并从变量空间中删除。如果只剩下一种流体的质量分数未知，TESPy 会为该流体分配一个质量分数，等于 1 减去所有其他流体的质量分数之和。

最后，在流体成分固定的情况下，对压力和焓进行预分解。如果指定了压力或焓，并在此基础上指定了温度、蒸汽质量或与饱和温度的温差，则可直接计算出相应的变量（焓或压力）。同样，如果指定了温度、与饱和温度的温差或蒸汽质量，则压力和焓均可不指定。

（3）查找起始值

热力系统网络求解需要系统所有变量的起始值，因此在计算之前要对系统进行初始化。高质量的初始值对收敛速度和稳定性至关重要，错误的初始值可能会导致不稳定和计算发散。确定初始值的步骤如下：

①流体成分猜测;

②流体属性初始化;

③从上次的模拟初始化(init_previous);

④从.csv 文件初始化(通过 init_path 参数设置起始值)。

如果流体成分不固定,计算的起始值将从流体成分猜测值开始生成。如果没有提供起始值,流体将被分配相同的质量分数 x。质量分数分配为 1 减去所有用户指定的质量分数之和,即 $x=1-\sum x\_spec\_n$。

接下来,流体属性初始化将使用指定的起始值或上次模拟的结果来设置质量流量、压力和焓的起始值。否则,将根据连接的组件生成通用起始值。如果不想使用之前的计算结果,则需要在调用 Network.solve 方法时指定 init_previous=False。

初始值生成的最后一步是根据保存的网络状态进行初始化。在求解方法的 init_path 参数中提供保存网络的路径,TESPy 会搜索 connections.csv 文件,如果找到带有相应标签的连接,系统变量的起始值将从该文件中获取。

4. 求解算法

(1)牛顿–拉弗森法

牛顿–拉弗森法需要计算方程的残差值和所有系统变量的偏导数(雅各布矩阵)。在下一步中,矩阵被倒置并与残差向量相乘,以计算系统变量的增量。这一过程不断重复,直到系统中每个方程的结果都"正确",即残差值小于规定的误差容限。所有方程的结构均为

$$0 = \text{expression} \tag{9-1}$$

计算残差

$$f(\boldsymbol{x}_i) \tag{9-2}$$

雅各布矩阵 $\boldsymbol{J}$ 为

$$\boldsymbol{J}(\boldsymbol{x})=\begin{pmatrix} \frac{\partial f_1}{\partial x_1} & \frac{\partial f_1}{\partial x_2} & \cdots & \frac{\partial f_1}{\partial x_n} \\ \frac{\partial f_2}{\partial x_1} & \frac{\partial f_2}{\partial x_2} & \cdots & \frac{\partial f_2}{\partial x_n} \\ \vdots & \vdots & \ddots & \vdots \\ \frac{\partial f_n}{\partial x_1} & \frac{\partial f_n}{\partial x_2} & \cdots & \frac{\partial f_n}{\partial x_n} \end{pmatrix} \tag{9-3}$$

计算得到增量

$$\boldsymbol{x}_{i+1}=\boldsymbol{x}_i-J(\boldsymbol{x}_i)^{-1}\cdot f(\boldsymbol{x}_i) \tag{9-4}$$

同时

$$\| f(\boldsymbol{x}_i) \| > \varepsilon \tag{9-5}$$

注意:求解时必须提供所需的准确参数量(既不能少也不能多),而且参数化不能导致线性依赖关系。为连接设置的每个参数及为总线指定的每个能量流,都会为系统增加一个方程。此外,每个组件都会提供不同数量的基本方程。

(2)收敛性检查

牛顿–拉弗森方法的一个主要缺点是初始步长非常大,而且不知道物理边界,例如小于

0和大于1的质量分数或负压。此外,大步长可能会将焓或压力调整为流体特性数据库未涵盖的量。这将导致在算法的下一次迭代中,无法根据压力和焓计算流体温度等参数。为了提高收敛稳定性,TESPy设置了收敛检查功能。

(3)提高计算速度

为了提高计算速度,如果相应变量的变化在迭代前低于1e-12的临界值,则跳过特定导数的计算。另外,还可以在合理的情况下指定主变量,这样不仅可以减少变量空间,还可以消除计算主变量偏导数的必要性。

(4)故障查找

如果计算在第一次迭代后甚至第一次迭代前就停止了,可能有以下几个原因:

①流体属性的数值与单位不对应,使流体属性超出了流体属性数据库给出的范围;

②由于参数设置不当,雅各布矩阵出现了线性依赖关系,导致计算停止(例如,过度确定一个变量,却遗漏了另一个变量);

③由于错误的初始值导致雅各布矩阵中的线性依赖关系,使计算停止。

第一个原因可以通过仔细选择参数来消除。由于起始值错误而导致的线性依赖关系通常更难解决,可能需要一些经验。在许多情况下,线性依赖性是由需要计算温度的方程引起的,例如指定网络中某一点的温度、热交换器的终端温差等。在这种情况下,应调整起始焓和压力,使流体状态不在两相区域内,因为两相区域内对温度和压力的规定不会产生明显的焓值。

另外,如果在收敛过程中遇到收敛缓慢或不稳定的情况,可以查看迭代信息。迭代信息提供了系统方程残差和系统变量增量的信息。当一个变量的增量远大于其他变量的增量时,也会导致迭代不稳定。

5. 后处理

计算完成后,TESPy会自动进行后处理,将进行如下操作:

①自动创建模型文档;

②打印结果提示(print_results());

③以.csv文件格式保存计算结果(save());

④使用外部工具生成流体特性图。

使用print_results()方法可以打印结果,print_results()将打印包含组件、连接和总线属性的表格。

如果选择了保存结果,则将创建文件夹,其中包含网络、所有连接、总线、组件和特性的相关信息。

要根据结果进行计算,可以访问所有组件和连接的参数:

```
eff = mycomp.eta_s.val              # isentropic efficiency of mycomp
P = mycomp.P.val
```

类似的连接参数:

```
mass_flow = myconn.m.val            # value in specified network unit
mass_flow_SI = myconn.m.val_SI      # value in SI unit
```

```
mass_fraction_oxy = myconn.fluid.val['O2']   # mass fraction of oxygen
specific_volume = myconn.vol.val             # value in specified network unit
specific_entropy = myconn.s.val              # value in specified network unit
volumetric_flow = myconn.v.val               # value in specified network unit
specific_exergy = myconn.ex_physical         # SI value only
```

此外,还可以访问包含组件、连接和总线结果的数据结构:

```
results_for_conns = my_plant.results['Connection']
results_for_turbines = my_plant.results['Turbine']
results_for_heat_exchangers = my_plant.results['HeatExchanger']
results_for_mybus = my_plant.results['power input']
```

或查看数据结构的索引标签:

```
results_for_specific_conn = my_plant.results['Connection'].loc['myconn']
results_for_specific_turbine = my_plant.results['Turbine'].loc['turbine 1']
results_for_component_on_bus = my_plant.results['power input'].loc['turbine 1']
```

9.2.2 组件

1. 组件列表

TESPy 工具包含以下组件:

(1) Basics

· Cycle closer

· Sink

· Source

· Subsystem interface

(2) Combustion

· Combustion chamber

· Diabatic combustion chamber (Advanced version of combustion chamber, featuring heat losses and pressure drop)

· Combustion engine

(3) Heat exchangers

· Simplified heat exchanger

· Solar collector

· Parabolic trough

· Heat exchanger

· Condenser

· Desuperheater

(4) Nodes

· Droplet separator
· Drum
· Merge
· Separator
· Splitter

(5) Piping

· Pipe
· Valve

(6) Reactors

· Fuel cell
· Water electrolyzer

(7) Turbomachinery

· Compressor
· Pump
· Turbine

2. 组件参数设置

(1)组件参数

该示例展示了指定蒸发器传热系数的不同方法,以及如何重新设置参数。

```
from tespy.components import HeatExchanger
from tespy.tools import ComponentProperties as dc_cp
import numpy as np

he = HeatExchanger('evaporator')

# specify the value
he.set_attr(kA=1e5)
# specify via dictionary
he.set_attr(kA={'val': 1e5, 'is_set': True})
# set data container parameters
he.kA.set_attr(val=1e5, is_set=True)

# possibilities to unset a value
he.set_attr(kA=np.nan)
he.set_attr(kA=None)
he.kA.set_attr(is_set=False)
```

(2)参数组(Grouped parameters)

当一个组件属性取决于多个参数时,就会使用参数组:

```
from tespy.components import Pipe
import numpy as np

my_pipe = Pipe('pipe')

# specify grouped parameters
my_pipe.set_attr(D=0.1, L=20, ks=0.00005)

# the solver will not apply an equation, since the information of the
# pipe's length is missing.
my_pipe.set_attr(D=0.1, ks=0.00005)
```

以下几个组件使用参数组：

①heat_exchanger_simple and pipe

· hydro_group（D，L，ks）

· kA_group（kA，Tamb）

· kA_char_group（kA_char，Tamb）

②solar_collector

· hydro_group（D，L，ks）

· energy_group（E，eta_opt，lkf_lin，lkf_quad，A，Tamb）

③parabolic_trough

· hydro_group（D，L，ks）

· energy_group（E，eta_opt，aoi，doc，c_1，c_2，iam_1，iam_2，A，Tamb）

④compressor

· char_map_eta_s_group（char_map_eta_s，igva）

· char_map_pr_group（char_map_pr，igva）

(3)自定义变量

可以将组件参数用作方程组的变量。在组件参数列表中,如果参数可以是字符串,则可以将该参数指定为自定义变量。

例如,给定管道的压力比 pr、长度 L 和粗糙度 ks 后,如果希望计算出达到指定压力比所需的管道直径 D,需要按以下方式指定直径：

```
from tespy.components import Pipe
from tespy.tools import ComponentProperties as dc_cp
# custom variables
my_pipe = Pipe('my pipe')

# make diameter variable of system
my_pipe.set_attr(pr=0.98, L=100, ks=0.00002, D='var')
```

```
import numpy as np

# a second way of specifying this is similar to the
# way used in the component parameters section
# val will be used as starting value
my_pipe.set_attr(pr=0.98, L=100, ks=0.00002)
my_pipe.set_attr(D={'val': 0.2, 'is_set': True, 'is_var': True})
```

还可以为自定义变量设置值边界,但需要注意如果实际值超出了指定范围,可能会导致模拟不收敛。

```
# data container specification with identical result,
# benefit: specification of bounds will increase stability
my_pipe.set_attr(D={
    'val': 0.2, 'is_set': True, 'is_var': True,
    'min_val': 0.1, 'max_val': 0.3}
)
```

(4)组件特性

有几个组件使用特性函数整合参数,这些参数带有默认的特性,也可以自定义特性函数。

(5)用新方程扩展组件

可以为现有组件添加自定义方程,需要对所需的组件类进行如下更改:

①修改 get_parameters(self)方法;

②添加一个方法,返回方程的结果;

③添加一个方法,将偏导数放入组件的雅各布矩阵中;

④添加一个方法,为自动文档功能返回方程的 LaTeX 代码。

3. 定制组件

TESPy 允许添加自己的组件,该类应继承于组件类或其子类。使用自定义模块或在工作目录中创建一个 Python 文件,并导入自定义组件的基类。定制组件的起始行如下所示:

```
from tespy.components.component import Component
from tespy.tools import ComponentCharacteristics as dc_cc
from tespy.tools import ComponentProperties as dc_cp
class MyCustomComponent(Component):
    """
    This is a custom component.

    You can add your documentation here. From this part, it should be clear
    for the user, which parameters are available, which mandatory equations
```

```
    are applied and which optional equations can be applied using the
    component parameters.
    """

    def component(self):
  return 'name of your component'
```

4. 组件组:子系统

子系统是在系统中添加常用组件组的简便方法。子系统具有高度可定制性,是一个非常强大的工具。

9.2.3 连接

1. 参数化

连接用于传递组件之间的参数,可以为每个连接指定以下参数:
· 质量流量(m)
· 容积流量(v)
· 压力(p)
· 焓(h)
· 温度(T)
· 纯流体的蒸汽质量分数(x)
· 流体矢量(fluid)
· 流体矢量的平衡近似值(fluid_balance)
上述参数可以指定数值、起始值和参考值。

2. 总线

总线是能量流连接器,可将不同组件的能量流相加,并在组件之间创建与质量无关的能量传输关系。总线的用法如下:
(1)后处理;
(2)引入电机或发电机效率;
(3)建立不同组件之间的关系。
总线的处理与连接和组件非常相似。需要在总线中添加组件,并将其作为至少包含组件实例的字典。仿真后,可以输出总线上组件的效率,并通过以下方式输出组件的总线值:
· mycomponent.calc_bus_efficiency(mybus)
· mycomponent.calc_bus_value(mybus)
这些数据也可在网络的结果字典中找到:

```
bus_results = mynetwork.results['power output']
```

其中包括：
- ·总线值
- ·组件值
- ·效率值
- ·总线的设计值

9.2.4　特性线及特性图

本小节介绍 TESPy 特性线和特型线图的实现。TESPy 中有两种不同类型的部件特性：特性线(CharLine)和特性线图(CharMap)。默认的可用特性可以在 tespy. data 模块文档中找到。

1. 特性线

特性线使用线性插值法确定输入 x 值的 y 值,其中 x 介于下边界 x_0 和上边界 x_1 之间：

$$y = y_0 + \frac{x - x_0}{x_1 - x_0} \cdot (y_1 - y_0) \tag{9-6}$$

特性线的确定可以指定外推参数。如果外推值为 False(默认值),且 x 值高于特征线的最大值或低于特征线的最小值,则会返回与最大值/最小值相对应的 y 值。如果外推值为 True,则分别使用最下端或最上端的两个值对进行线性外推。

2. 特性线图

特性线图也使用线性插值。第一步是在 x 维上进行插值,类似于特性线的插值计算。由于 y 和 z 数据是二维的,每一行数据对应一个 x 值,因此,第一步的结果是每个维度(y 和 z)的一个向量。

$$\begin{aligned} \boldsymbol{y} &= \boldsymbol{y}_0 + \frac{x - x_0}{x_1 - x_0} \cdot (\boldsymbol{y}_1 - \boldsymbol{y}_0) \\ \boldsymbol{z} &= \boldsymbol{z}_0 + \frac{x - x_0}{x_1 - x_0} \cdot (\boldsymbol{z}_1 - \boldsymbol{z}_0) \end{aligned} \tag{9-7}$$

将 y 值作为第二个输入维度,再次使用线性插值法计算得到相应的 z 值：

$$z = z_0 + \frac{y - y_0}{y_1 - y_0} \cdot (z_1 - z_0) \tag{9-8}$$

3. 导入部件特性

除了默认特性,TESPy 还可以导入自定义的特性线或特性线图：

```
from tespy. tools. characteristics import CharLine
from tespy. tools. characteristics import load_custom_char
from tespy. tools. characteristics import CharMap
```

```
from tespy.tools.characteristics import CharLine
gen_char = load_custom_char('generator', CharLine)
gen_char = load_custom_char('custom_map', CharMap)
```

除了上述功能，TESPy 还允许指定流体属性，以及定义通用的和单独的自定义方程。

9.3 TESPy 应用案例 1：以一个小型热泵为例

本节以一个典型的小型热泵系统的热力模拟为例，展示 TESPy 创建热力系统并进行模拟的过程。图 9-2 为小型热泵热力过程示意图。

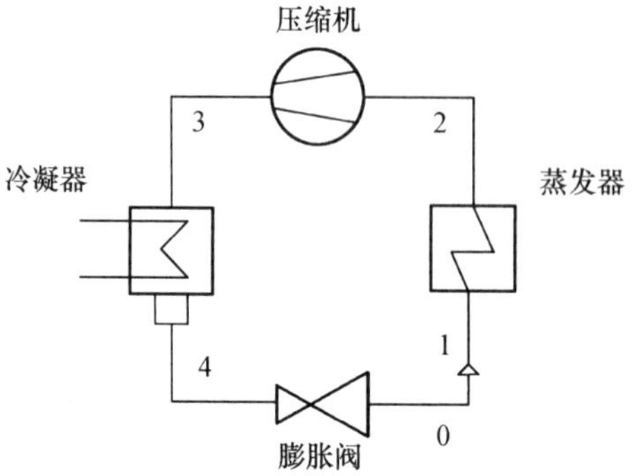

图 9-2　小型热泵热力过程示意图

9.3.1 创建热力系统模型

为了模拟热泵系统，首先要创建热力系统的网络。这个网络是模型的载体。利用如下的命令引入 TESPy 的热力系统网络，并命名为 my_plant。

```
from tespy.networks import Network

my_plant = Network()
```

指定网络中变量的单位，将温度的单位指定为℃，将压力的单位指定为 bar，将焓的单位指定为 kJ/kg。其余未指定的将默认使用 SI 单位。

```
# set the unitsystem for temperatures to °C and for pressure to bar

my_plant.set_attr(T_unit='C', p_unit='bar', h_unit='kJ / kg')
```

9.3.2 组件配置

在创建热力系统网络的基础上配置热力系统的组件。对于本例的小型热泵而言，涉及的部件包括1个压缩机、1个膨胀阀、2个热交换器和1个循环闭合器。下面设置组件,并指定各组件在网络内唯一的标签。

```
from tespy. components import (
    CycleCloser, Compressor, Valve, SimpleHeatExchanger
)

cc = CycleCloser('cycle closer')

co = SimpleHeatExchanger('condenser')
ev = SimpleHeatExchanger('evaporator')
va = Valve('expansion valve')
cp = Compressor('compressor')
```

需要说明的是,循环闭合器(CycleCloser)是处理封闭循环时的必要组件,因为如果在循环内的某个点指定了质量流量,由于组件的入口和出口处的质量流量存在相等约束,这个参数将通过所有组件进行传播,这时就需要循环闭合器对循环进行封闭。

9.3.3　创建连接

创建热力系统模型中的组件后,需要创建连接,将组件连接形成拓扑网络。如果两个组件相互连接,则源处的流体属性将等同于目标处的属性。可以像设置组件参数一样设置每个连接处的属性。节点的基本规格选项如下:

· 质量流量(m)
· 容积流量(v)
· 压力(p)
· 焓(h)
· 温度(T)
· 流体矢量(流体)

在本例中,参考图9-2的结构,设置连接c1为循环闭合器和蒸发器之间的节点,c2为蒸发器和压缩机之间的节点,c3为压缩机和冷凝器之间的节点,c4为冷凝器和膨胀阀之间的节点,c0为膨胀阀和循环闭合器之间的节点。

```
from tespy. connections import Connection

# connections of heat pump
c1 = Connection(cc, 'out1', ev, 'in1', label='1')
c2 = Connection(ev, 'out1', cp, 'in1', label='2')
c3 = Connection(cp, 'out1', co, 'in1', label='3')
c4 = Connection(co, 'out1', va, 'in1', label='4')
```

```
c0 = Connection(va, 'out1', cc, 'in1', label='0')

# this line is crutial: you have to add all connections to your network
my_plant.add_conns(c1, c2, c3, c4, c0)
```

9.3.4 参数设置

在创建完由组件和连接构成的热力系统模型后,可以设置网络中组件和连接的参数。在本例中,指定冷凝器和蒸发器的压力损失(出口与入口压力比为 pr)为 0.98,指定压缩机的效率(eta_s)为 0.85。用冷凝器的参数“Q”的数值设置热泵的制热量。由于热泵在亚临界状态下工作,因此将蒸发器出口处的流体状态设置为完全饱和蒸汽($x=1$),冷凝器出口处的流体状态设置为完全饱和液体($x=0$),需要设置冷凝和蒸发温度即节点 c2 和 c4 的温度,最后,需要指定网络中某一点的流体种类。

```
co.set_attr(pr=0.98, Q=-1e6)
ev.set_attr(pr=0.98)
cp.set_attr(eta_s=0.85)

c2.set_attr(T=20, x=1, fluid={'R134a': 1})
c4.set_attr(T=80, x=0)
```

注意:在设置参数时,约定组件能量传递的符号总是从元件的角度出发,进入组件的能量表示正号,离开组件系统边界的能量表示负号。

9.3.5 进行热力计算并输出结果

在构建网络、组件和连接并设置参数后,通过下述代码解算热力系统并输出计算结果,其中,COP 代表热泵的能效比(coefficient of performance)。

```
my_plant.solve(mode='design')
my_plant.print_results()

print(f'COP = {abs(co.Q.val) / cp.P.val}')
```

my_plant.print_results 函数输出如图 9-3 所示的迭代过程和图 9-4、图 9-5 所示的结果。计算得到的 COP 为 3.378 377 704 857 497。

```
iter  | residual   | progress   | massflow   | pressure   | enthalpy   | fluid      | component
------+------------+------------+------------+------------+------------+------------+-----------
1     | 2.73e+06   | 0 %        | 1.49e+00   | 2.64e+06   | 4.71e+05   | 0.00e+00   | 0.00e+00
2     | 3.73e+05   | 4 %        | 2.80e+00   | 1.68e-10   | 1.14e+05   | 0.00e+00   | 0.00e+00
3     | 3.19e+05   | 5 %        | 2.57e+00   | 0.00e+00   | 8.56e-12   | 0.00e+00   | 0.00e+00
4     | 1.17e-10   | 100 %      | 1.49e-15   | 0.00e+00   | 8.56e-12   | 0.00e+00   | 0.00e+00
5     | 1.17e-10   | 100 %      | 3.82e-16   | 0.00e+00   | 8.56e-12   | 0.00e+00   | 0.00e+00
Total iterations: 5, Calculation time: 0.03 s, Iterations per second: 158.93
```

图 9-3　迭代过程

```
##### RESULTS (Valve) #####
+-----------------+----------+----------+
|                 |       pr |     zeta |
|-----------------+----------+----------|
| expansion valve | 2.22e-01 | 3.95e+06 |
+-----------------+----------+----------+
##### RESULTS (Compressor) #####
+------------+----------+----------+----------+--------+
|            |        P |    eta_s |       pr |   igva |
|------------+----------+----------+----------+--------|
| compressor | 2.96e+05 | 8.50e-01 | 4.70e+00 |    nan |
+------------+----------+----------+----------+--------+
##### RESULTS (SimpleHeatExchanger) #####
+------------+-----------+----------+----------+-----+-----+-----+-------+-----+------+
|            |         Q |       pr |     zeta |   D |   L |  ks | ks_HW |  kA | Tamb |
|------------+-----------+----------+----------+-----+-----+-----+-------+-----+------|
| condenser  | -1.00e+06 | 9.80e-01 | 2.44e+05 | nan | nan | nan |   nan | nan |  nan |
| evaporator |  7.04e+05 | 9.80e-01 | 8.11e+03 | nan | nan | nan |   nan | nan |  nan |
+------------+-----------+----------+----------+-----+-----+-----+-------+-----+------+
##### RESULTS (CycleCloser) #####
+--------------+------------------+-------------------+
|              |   mass_deviation |   fluid_deviation |
|--------------+------------------+-------------------|
| cycle closer |         0.00e+00 |          0.00e+00 |
+--------------+------------------+-------------------+
```

图 9-4　各部件计算结果 1

```
##### RESULTS (CycleCloser) #####
+--------------+------------------+-------------------+
|              |   mass_deviation |   fluid_deviation |
|--------------+------------------+-------------------|
| cycle closer |         0.00e+00 |          0.00e+00 |
+--------------+------------------+-------------------+
##### RESULTS (Connection) #####
+----+-----------+-----------+-----------+-----------+
|    |         m |         p |         h |         T |
|----+-----------+-----------+-----------+-----------|
|  1 | 8.059e+00 | 5.834e+00 | 3.224e+02 | 2.066e+01 |
|  2 | 8.059e+00 | 5.717e+00 | 4.097e+02 | 2.000e+01 |
|  3 | 8.059e+00 | 2.687e+01 | 4.465e+02 | 9.117e+01 |
|  4 | 8.059e+00 | 2.633e+01 | 3.224e+02 | 8.000e+01 |
|  0 | 8.059e+00 | 5.834e+00 | 3.224e+02 | 2.066e+01 |
+----+-----------+-----------+-----------+-----------+
```

图 9-5　各部件计算结果 2

9.4　TESPy 应用案例 2：以燃气轮机燃烧室为例

9.4.1　创建热力系统模型

本节介绍 TESPy 对燃气轮机燃烧室进行建模的应用案例。图 9-6 为燃气轮机燃烧室的拓扑结构及节点设置示意图。

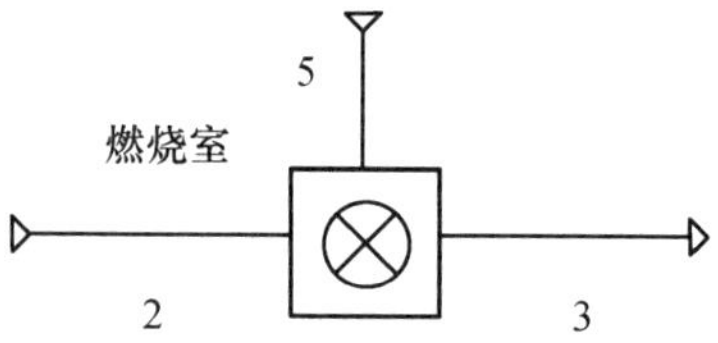

图 9-6　燃气轮机燃烧室的拓扑结构及节点设置示意图

首先,调用热力系统网络、部件(燃烧室、源、汇)及节点。需要说明的是,TESPy 中有以下两种不同类型的燃烧室可供选择:

- tespy. components. combustion. base. CombustionChamber
- tespy. components. combustion. diabatic. DiabaticCombustionChamber

两者都能处理空气和燃料的不同流体成分,并计算烟气的流体成分。这两个组件的区别在于 CombustionChamber 不考虑热量或压力损失,而 DiabaticCombustionChamber 会考虑。在本案例中将使用 tespy. components. combustion. diabatic. DiabaticCombustionChamber。

```
from tespy. networks import Network
from tespy. components import (
    DiabaticCombustionChamber, Source, Sink
)
from tespy. connections import Connection
```

将热力网络定义为"nw",并指定压力的单位为 bar,温度的单位为℃。

```
# define full fluid list for the network" s variable space
nw = Network( p_unit =" bar" , T_unit =" C" )
```

9.4.2　组件配置

在热力网络中配置组件,用"cc"代表燃烧室,"air"代表空气"源","fuel"代表燃料"源","fg"代表燃气的"汇":

```
cc = DiabaticCombustionChamber( " combustion chamber" )
air = Source( " air source" )
fuel = Source( " fuel source" )
fg = Sink( " flue gas sink" )
```

9.4.3　创建节点

在热力网络中创建部件之间连接的节点,设置连接 c1 为空气与燃烧室之间的节点,设置 c3 为燃烧室出口与燃气"汇"之间的节点,设置 c5 为燃料"源"和燃烧室之间的节点:

```
c2 = Connection(air, "out1", cc, "in1", label="2")
c3 = Connection(cc, "out1", fg, "in1", label="3")
c5 = Connection(fuel, "out1", cc, "in2", label="5")
nw.add_conns(c2, c3, c5)
```

9.4.4　设置参数,进行热力计算并输出结果

为了展示 TESPy 进行热力计算时参数设置的灵活性,本小节设置多个求解条件并进行求解。

1. 指定输入燃烧室的空气与定量空气的比率(lamb)及燃料的放热量(ti)

```
cc.set_attr(pr=1, eta=1, lamb=1.5, ti=10e6)
```

其中,压力比 pr 表示燃烧室出口压力与入口压力的比值。效率 eta 表示燃烧室热损失与热输入的比率。在本例中假设燃烧室绝热(eta=1)且无压力损失(pr=1)。另外,还需要定义输入燃烧室的空气的压力、温度、流体成分,以及燃料的压力、温度、流体成分。

```
c2.set_attr(
    p=1, T=20,
    fluid={"Ar": 0.0129, "N2": 0.7553, "CO2": 0.0004, "O2": 0.2314}
)
c5.set_attr(p=1, T=20, fluid={"CO2": 0.04, "CH4": 0.96, "H2": 0})
```

按上述设置进行求解并输出结果:

```
nw.solve(mode="design")
nw.print_results()
```

图 9-7 为燃烧室组件参数的计算结果,图 9-8 为各节点的计算结果。

```
##### RESULTS (DiabaticCombustionChamber) #####
+--------------------+----------+----------+----------+----------+----------+
|                    |     lamb |       ti |       pr |      eta |   Q_loss |
|--------------------+----------+----------+----------+----------+----------|
| combustion chamber | 1.50e+00 | 1.00e+07 | 1.00e+00 | 1.00e+00 | 2.22e-09 |
+--------------------+----------+----------+----------+----------+----------+
```

图 9-7　燃烧室组件参数的计算结果

```
##### RESULTS (Connection) #####
+----+-----------+-----------+-----------+-----------+
|    |         m |         p |         h |         T |
|----+-----------+-----------+-----------+-----------|
|  2 | 5.169e+00 | 1.000e+00 | 2.936e+05 | 2.000e+01 |
|  3 | 5.377e+00 | 1.000e+00 | 2.366e+06 | 1.510e+03 |
|  5 | 2.082e-01 | 1.000e+00 | 8.830e+05 | 2.000e+01 |
+----+-----------+-----------+-----------+-----------+
```

图 9-8　各节点的计算结果

2. 由设置燃料发热量改为给定燃料流量

```
cc. set_attr(ti=None)
c5. set_attr(m=1)
nw. solve(mode=" design")
```

图 9-9 为修改求解条件后的执行结果。

RESULTS (DiabaticCombustionChamber)

	lamb	ti	pr	eta	Q_loss
combustion chamber	1.50e+00	4.80e+07	1.00e+00	1.00e+00	1.07e-08

RESULTS (Connection)

	m	p	h	T
2	2.482e+01	1.000e+00	2.936e+05	2.000e+01
3	2.582e+01	1.000e+00	2.366e+06	1.510e+03
5	1.000e+00	1.000e+00	8.830e+05	2.000e+01

图 9-9　由设置燃料发热量改为给定燃料流量计算结果

3. 由给定过量空气系数改为给定燃烧室出口处燃气温度

```
cc. set_attr(lamb=None)
c3. set_attr(T=1400)
nw. solve(mode=" design")
```

图 9-10 为修改求解条件后的执行结果。

RESULTS (DiabaticCombustionChamber)

	lamb	ti	pr	eta	Q_loss
combustion chamber	1.65e+00	4.80e+07	1.00e+00	1.00e+00	-6.88e-06

RESULTS (Connection)

	m	p	h	T
2	2.735e+01	1.000e+00	2.936e+05	2.000e+01
3	2.835e+01	1.000e+00	2.181e+06	1.400e+03
5	1.000e+00	1.000e+00	8.830e+05	2.000e+01

图 9-10　由给定过量空气系数改为给定燃烧室出口处燃气温度的计算结果

4. 修改燃料成分,在燃料中增加氢气

```
c5. set_attr( fluid ={ " CO2" : 0. 03, " CH4" : 0. 92, " H2" : 0. 05} )
nw. solve( mode =" design" )
```

图 9-11 为修改求解条件后的执行结果。

```
##### RESULTS (DiabaticCombustionChamber) #####
+--------------------+----------+----------+----------+----------+----------+
|                    |     lamb |       ti |       pr |      eta |   Q_loss |
|--------------------+----------+----------+----------+----------+----------|
| combustion chamber | 1.68e+00 | 5.20e+07 | 1.00e+00 | 1.00e+00 |          |
+--------------------+----------+----------+----------+----------+----------+
##### RESULTS (Connection) #####
+----+-----------+-----------+-----------+-----------+
|    |         m |         p |         h |         T |
|----+-----------+-----------+-----------+-----------|
|  2 | 2.955e+01 | 1.000e+00 | 2.936e+05 | 2.000e+01 |
|  3 | 3.055e+01 | 1.000e+00 | 2.202e+06 | 1.400e+03 |
|  5 | 1.000e+00 | 1.000e+00 | 1.035e+06 | 2.000e+01 |
+----+-----------+-----------+-----------+-----------+
```

图 9-11　燃料中增加氢气的计算结果

利用下述命令查看每个节点处的流体成分及参数信息,结果如图 9-12 所示。

```
print( nw. results[ " Connection" ] )
```

```
         m  m_unit           v  v_unit  ...        O2       H2O       CO2        Ar
2 29.55245  kg / s   24.864652  m3 / s  ...  0.231400  0.000000  0.000400  0.012900
3 30.55245  kg / s  151.756308  m3 / s  ...  0.090715  0.082254  0.083975  0.012478
5  1.00000  kg / s    2.016579  m3 / s  ...  0.000000  0.000000  0.030000  0.000000
```

图 9-12　每个节点处的流体成分参数信息

第 10 章　燃气轮机系统 TESPy 建模仿真算例

本章以单轴发电用燃气轮机为例，进行基于 TESPy 的热力系统建模，分析燃气轮机主要参数对燃气轮机性能的影响。

10.1　问题描述

单轴发电用燃气轮机如图 10-1 所示，其热力过程：压气机压缩大气中的空气后，将高压空气输入燃烧室与燃料混合，燃烧室内燃烧燃料，生成的高温、高压的烟气在涡轮中膨胀，驱动压缩机和发电机对外做功。

在 Python 中建立该燃气轮机的热力模型，并模拟压气机压比、透平入口温度、燃气含氧量等参数对燃气轮机性能参数的影响。

图 10-1　单轴发电用燃气轮机

10.2　建模过程

10.2.1　创建燃气轮机热力网络

根据问题描述，由图 10-1 所示的燃气轮机简化得到的燃气轮机结构示意图如图 10-2 所示。图中，为了建模方便，将各部件之间传递参数的节点编号为 1～5。其中，“1”代表大气和压气机之间的节点，“2”代表压气机和燃烧室之间的节点，“3”代表燃烧室和透平之间的节点，“4”代表透平出口和大气之间的节点，而“5”代表输入燃烧室的燃料和燃烧室之间的节点。燃气轮机的热力网络由压气机、燃烧室、透平、发电机四个组件，以及 1～5 五个节点构成。

下面在 Python 环境下创建燃气轮机热力网络。首先，调用热力系统网络功能、各组件及节点、能量总线。

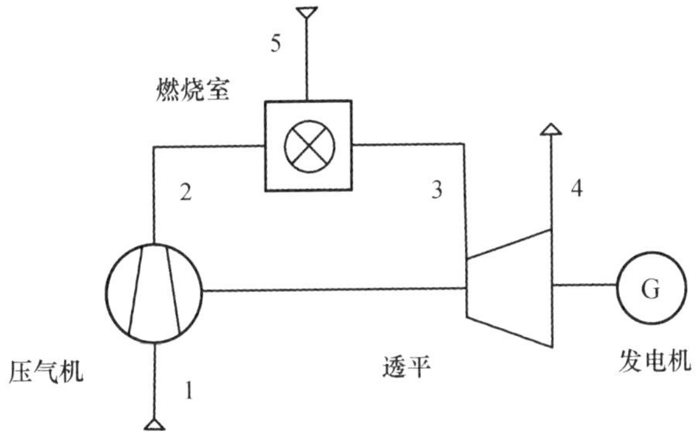

图 10-2 燃气轮机结构示意图

```
from tespy. networks import Network
from tespy. components import (
    DiabaticCombustionChamber, Turbine, Source, Sink, Compressor
)
from tespy. connections import Connection, Ref, Bus
```

然后,定义燃气轮机热力网络,命名为“nw”,并给定热力系统网络中的参数单位,令压力单位为 bar,温度单位为℃

```
nw = Network( p_unit =" bar" , T_unit =" C" )
```

10.2.2 定义燃气轮机组件

在热力网络创建完成后,利用下面的命令定义燃气轮机系统的各个组件。

```
cp = Compressor( " Compressor" )
cc = DiabaticCombustionChamber( " combustion chamber" )
tu = Turbine( " turbine" )
air = Source( " air source" )
fuel = Source( " fuel source" )
fg = Sink( " flue gas sink" )
```

上述命令定义了压气机,简称为 cp;绝热燃烧室,简称为 cc;透平,简称为 tu。对于流体,从“源”库选择大气,简称为 air;从“源”库选择燃料并简称为 fuel;从“汇”库选择燃气并简称为 fg。

10.2.3 设置燃气轮机热力网络中的节点

在定义了燃气轮机各组件后,设置组件之间代表流体连接关系的节点,按照图 10-2 所示,将大气“源”的出口与压气机入口相连,设置标签为1,节点命名为c1。

```
c1 = Connection(air, "out1", cp, "in1", label="1")
```

将压气机的出口与燃烧室组件的第一个入口(空气入口)相连,设置标签为2,节点命名为c2。

```
c2 = Connection(cp, "out1", cc, "in1", label="2")
```

将燃烧室出口与透平入口相连,设置标签为3,节点命名为c3。

```
c3 = Connection(cc, "out1", tu, "in1", label="3")
```

将透平出口与 燃气“汇”相连,设置标签为4,节点命名为c4。

```
c4 = Connection(tu, "out1", fg, "in1", label="4")
```

将燃料“源”的出口和燃烧室入口2连接,设置标签为5 ,节点命名为c5。

```
c5 = Connection(fuel, "out1", cc, "in2", label="5")
```

利用下面的命令,向网络中添加节点。

```
nw.add_conns(c1, c2, c3, c4, c5)
```

10.2.4 发电机组件建模及设置

利用下面的命令,设置连接燃气轮机的发电机部件,并设置透平和压气机的效率。

```
generator = Bus("generator")
generator.add_comps(
    {"comp": tu, "char": 0.98, "base": "component"},
    {"comp": cp, "char": 0.98, "base": "bus"},
)
```

将新设置的发电机组件加入热力系统计算网络nw中。

```
nw.add_busses(generator)
```

10.2.5 各组件及节点的属性设置

在定义燃气轮机组件并利用节点将组件连接后,即可对各个组件和流体的属性进行设置。利用下述命令设置燃烧室压力损失和效率,通过节点c5处的流体属性设置燃料的流量、压力、温度、组分。

```
cc.set_attr(pr=1, eta=1)
c5.set_attr(m=1,p=1, T=20, fluid={"CO2": 0.03, "CH4": 0.92, "H2": 0.05})
```

设置压气机和透平的属性。通过下述命令设置压气机的效率为0.85,压比为15,透平的效率为0.9。

```
cp.set_attr(eta_s=0.85, pr=15)
tu.set_attr(eta_s=0.90)
```

由节点 c1(即大气“源”与压气机入口的连接节点)设置大气环境的温度、压力及气体组分,给定大气压力为 1 bar,温度为 20 ℃,利用 fluid 属性设置气体成分。

```
c1.set_attr(
    p=1, T=20,
    fluid={"Ar": 0.0129, "N2": 0.7553, "CO2": 0.0004, "O2": 0.2314}
)
```

设置节点 c3(即燃烧室出口与透平入口的连接点)的燃气流量为 30 kg/s,设置透平出口处的压力为节点 c1(即压气机入口处)的压力。

```
c3.set_attr(m=30)
c4.set_attr(p=Ref(c1, 1, 0))
```

命令 p=Ref(c1, 1, 0)的含义为引用节点 c1 处的压力。节点 c4 处的压力为

$$p_4 = k \cdot p_1 + b \tag{10-1}$$

式中,$k=1$,$b=0$。

至此,完成了燃气轮机热力网络的建立,下面进行求解。

10.2.6 求解热力网络及结果分析

根据上述设置进行设计工况的求解,并输出各节点处的结果。

```
nw.print_results()
print(nw.results["Connection"])
```

通过这次求解,热力网络得到了一组较好的初值。由于进行燃气轮机热力计算时,透平进口温度为重要参数,因此可以在这组初值的基础上,将求解条件由给定透平出口燃气流量修改为给定透平入口温度为 1 200 ℃,再次求解网络并输出结果。

```
c3.set_attr(m=None, T=1200)
nw.solve("design")
nw.print_results()
```

对上述结果进行分析,发现输入燃烧室的燃料的压力低于大气压力,不符合实际。因此修改燃料入口 c5 节点处的压力,使

$$p_5 = k \cdot p_1 + b \tag{10-2}$$

式中,$k=1.05$,$b=0$,随后再次求解热力网络。

```
c5.set_attr(p=None)
c5.set_attr(p=Ref(c2, 1.05, 0))
```

```
nw.solve("design")
nw.print_results()
```

10.3 仿真结果分析及 Matplotlib 绘制

针对上一节的算例,本节介绍如何分析 TESPy 模拟的结果,以及如何对结果进行分析。分析工具为本书第 8 章介绍的绘图工具 Matplotlib。在 Python 环境下导入 Matplotlib,代码如下:

```
import matplotlib.pyplot as plt
import numpy as np
```

10.3.1 压气机压比和透平入口温度的影响

首先讨论压气机压比和燃烧室出口燃气温度变化时,输出功率和循环效率的变化情况。定义一个字典“data”作为可变输入,字典包含 2 个 11×1 的数组用于记录透平入口温度(T3)及压气机压比(pr)设计值的变化情况,代码如下:

```
data = {
    'T_3': np.linspace(900, 1400, 11),
    'pr': np.linspace(10, 30, 11)
}
```

另外定义一个字典“power”,用于记录透平入口温度(T3)及压气机压比(pr)的设计值变化时燃气轮机系统的功率,代码如下:

```
power = {
    'T_3': [],
    'pr': []
}
```

定义一个字典“eta”,用于记录透平入口温度(T3)及压气机压比(pr)的设计值变化时燃气轮机的循环效率,代码如下:

```
eta = {
    'T_3': [],
    'pr': []
}
```

(1)通过 for 循环计算透平入口燃气温度分别为 data 中“T3”的数值时,解算燃气轮机系统设计点得到的功率和循环效率,并分别记录在 power 和 eta 两个数组中。

```
for T in data['T_3']:
    c3.set_attr(T=T)
    nw.solve('design')
    power['T_3'] += [abs(generator.P.val) / 1e6]
    eta['T_3'] += [abs(generator.P.val) / cc.ti.val * 100]
```

计算完成后,将燃烧室出口温度设置为最开始给定的数值,准备计算压气机压比的影响。

```
c3.set_attr(T=1200)
```

(2)通过 for 循环计算压气机压比分别为 data 中“pr”的数值时燃气轮机的功率和循环效率,并分别记录在 power 和 eta 两个数组中。

```
for pr in data['pr']:
    cp.set_attr(pr=pr)
    nw.solve('design')
    power['pr'] += [abs(generator.P.val) / 1e6]
    eta['pr'] += [abs(generator.P.val) / cc.ti.val * 100]
```

计算完成后,通过下述命令将压气机压比设置为基准值。

```
cp.set_attr(pr=15)
```

(3)绘制结果

利用 Matplotlib 工具的 rc 函数设置字体、字号。

```
from matplotlib import rcParams
config = {
    "font.family":'serif',
    "font.size": 10,
    "mathtext.fontset":'stix',
    "font.serif": ['SimSun'],
}
rcParams.update(config)
```

为了方便绘图,定义一个函数“cm2inch”,将图像大小的单位由 cm 转换为 inch(1 in=2.54 cm),然后绘制一个 2×2 的子图,图像大小为 14 cm×10 cm。

```
def cm2inch(value):
    return value/2.54

fig, ax = plt.subplots(2, 2, dpi=300, figsize=(cm2inch(14), cm2inch(10)),
sharex='col', sharey='row')
```

利用flatten指令将ax的格式由n×m展平成1×nm,则可以直接用ax[i](i=0,1,2,3)指定子图进行绘制,依次绘制四张子图并标注横纵坐标及单位。

```
ax = ax.flatten()

i = 0
for key in data:
    ax[i].scatter(data[key], eta[key], s=10, color="#1f567d")
    ax[i + 2].scatter(data[key], power[key], s=10, color="#18a999")
    i += 1

ax[0].set_ylabel('循环效率(%)')
ax[2].set_ylabel('功率(MW)')
ax[2].set_xlabel('透平入口温度(°C)')
ax[3].set_xlabel('压气机压比')
```

绘制得到的结果如图10-3所示。从图中可以看出,压气机压比一定时,随着透平入口温度的升高,燃气轮机的循环效率升高、功率升高。当透平入口温度一定时,压气机压比越高,则燃气轮机的循环效率和功率越高。

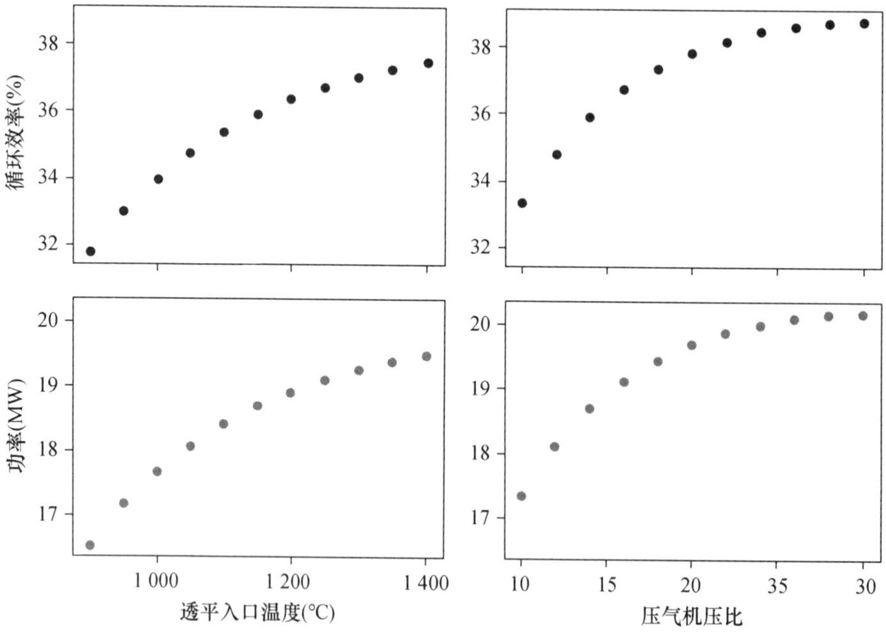

图10-3 不同机压比压比和透平入口温度下燃气轮机性能

10.3.2 燃烧室出口燃气氧含量变化的影响

本小节研究燃烧室出口燃气氧含量变化对燃气轮机性能的影响。为了保证满足条件的要求,首先将燃烧室出口温度设置为none,然后定义一个数组data用于存储燃烧室出口燃气含氧量的数值,并定义数组 T3 用于记录燃烧室出口温度。

```
c3.set_attr(T=None)

data = np.linspace(0.1, 0.2, 6)
T3 = []
```

通过 for 循环求解燃烧室出口燃气含氧量为数组 data 中的各值时的热力网络,并将燃烧室出口温度的变化情况记录到数组 T3。

```
for oxy in data[::-1]:
    c3.set_attr(fluid={"O2": oxy})
    nw.solve('design')
    T3 += [c3.T.val]
```

计算完毕后,从已设置的气体成分中移除氧气,将燃烧室出口温度设置回 1 200 ℃。这一步的操作将燃烧室出口节点 c3 的求解设置调回基准值。

```
c3.fluid.is_set.remove("O2")
c3.set_attr(T=1200)
```

下面绘制得到的结果。同样定义函数 cm2inch 进行图像大小的单位转换,然后定义一个大小为 12 cm×8 cm 的图像,并绘制散点图。设置图的横坐标为燃气中的氧气含量,纵坐标为燃烧室出口温度。

```
def cm2inch(value):
    return value/2.54

fig, ax = plt.subplots(1 ,dpi=300,figsize=(cm2inch(12), cm2inch(8)))
ax.scatter(data * 100, T3, s=10, color="#1f567d") *100

ax.set_ylabel('透平入口温度(℃)')
ax.set_xlabel('燃气轮机出口燃气中氧气的质量分数(%)')
plt.tight_layout()
```

绘制得到的结果如图 10-4 所示。从图中可以看出,燃气轮机燃烧室出口处燃气氧气含量越高,透平入口温度就越高。

10.3.3 掺氢燃料的组分占比求解

目前,我国能源结构正处于深度转型阶段。在碳达峰与碳中和背景下,燃气轮机掺氢运行成为一种可行的绿色低碳发展方案。本小节将利用 TESPy 研究燃料质量一定、不同目标发热量下,掺氢燃料中甲烷和氢气组分的占比情况。

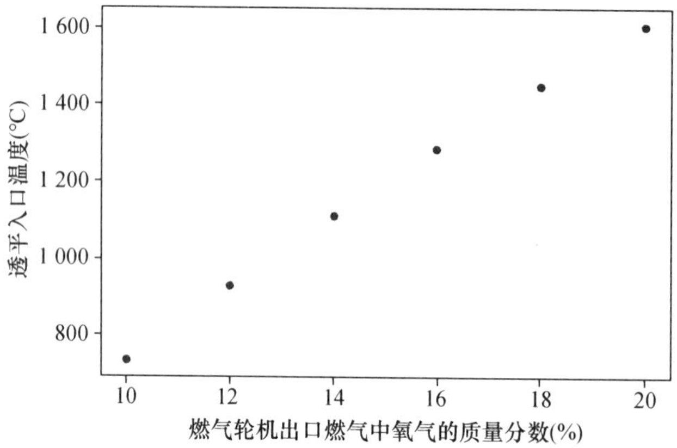

图 10-4 透平入口温度随燃气中氧含量的变化情况

首先设置输入燃烧室的燃料的组分,使其包含二氧化碳(CO_2)、氧气(O_2)、水蒸气(H_2O)、氩气(Ar)、氮气(Ar)、甲烷(CH_4)及氢气(H_2)。利用 fluid balance=True 指令使所有流体质量分数的总和为1。

```
c5. set_attr(fluid={" CO2" : 0. 03, " O2" : 0, " H2O" : 0, " Ar" : 0, " N2" : 0, " CH4" :
None, " H2" : None})
c5. set_attr(fluid_balance=True)
```

定义一个11行×1列的数组data作为燃料总发热量的系数。定义两个数组 CH_4 和 H_2 用于记录甲烷和氢气这两种组分的质量分数。

```
data = np. linspace(50, 60, 11)

CH4 = [ ]
H2 = [ ]
```

利用for循环根据燃料的总发热量计算燃料中甲烷和氢气的质量分数,并分别记录到CH4和H2数组中。

```
for ti in data:
    cc. set_attr(ti=ti * 1e6)
    nw. solve('design')
    CH4 += [c5. fluid. val[" CH4" ] * 100]
    H2 += [c5. fluid. val[" H2" ] * 100]

nw. _convergence_check()
```

计算完成后开始绘图,定义12 cm×8 cm的图像并绘制散点图,使燃料放热量作为横坐标、燃料中甲烷和氢气两种组分的质量分数作为纵坐标。

```
def cm2inch(value):
```

```
    return value/2.54

fig, ax = plt.subplots(1,dpi=600,figsize=(cm2inch(12), cm2inch(8)))
ax.scatter(data, CH4,marker='x', s=10, color="    #1f567d" , label=" CH $_4 $" )
ax.scatter(data, H2,marker='v', s=10, color="    #18a999" , label=" H $_2 $" )

ax.legend()
plt.legend(edgecolor='none')

ax.set_ylabel('燃料中组分百分比(%)')
ax.set_xlabel('燃料放热量(MW)')
```

绘制的结果如图 10-5 所示。从图中可以看出,随着燃料放热量的提高,燃料中氢气组分的占比上升,而甲烷的占比下降。这是因为氢气作为一种高效燃料,具有更高的质量热值。

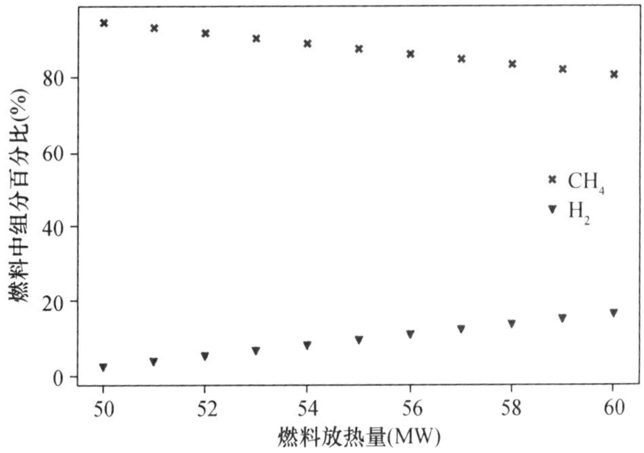

图 10-5 燃料质量一定时甲烷和氢气随燃料放热量变化

10.4 本章小结

本章以一个典型的单轴发电用燃气轮机为例,基于 TESPy 构建了热力系统模型,并进行了求解和结果的绘制分析。首先,定义了燃气轮机系统网络,然后定义了压气机、燃烧室、透平、源、汇,以及部件之间的连接节点。利用这个模型,分别分析了压气机压比和透平入口温度的影响、燃烧室出口燃气氧含量变化的影响及掺氢燃料在质量流量一定情况下实现目标放热量所要求的组分占比。

从本章整个建模过程及仿真案例可以看出,TESPy 在燃气轮机系统模拟中具有操作系统开源、建模过程简单易行、求解效果较好、便于迁移等优势,还能自定义组件和组件组,具有良好的扩展性和实际应用的潜力。然而,目前 TESPy 还有一定的局限性,只能方便地进行设计工况和部分负荷工况的稳态模拟,还无法模拟燃气轮机的动态过程。在未来,TESPy 有望在燃气轮机动态建模、性能优化及故障仿真等方面得到更进一步的发展。

参 考 文 献

[1]张维竞. 舰船动力装置系统仿真[M].上海:上海交通大学出版社,2006.
[2]李淑英.船舶动力装置仿真技术[M].哈尔滨:哈尔滨工程大学出版社,2013.
[3]李淑英. 燃气轮机性能分析[M].哈尔滨:哈尔滨工程大学出版社,2017.
[4]唐国元,王建军. 轮机工程仿真技术基础及应用[M]. 武汉:华中科技大学出版社,2021.
[5]王海燕,胡以怀.轮机系统仿真技术[M]. 上海:上海浦江教育出版社,2013.
[6] ZHANG Y. An introduction to python and computer programming [M]. New York: Springer, 2015.
[7] CZYGAN, MARTIN K, ASHISH. Python: data analytics and visualization understand, evaluate, and visualize data [M]. Birmingham: Packt Publishing, 2017.
[8] JAMES P. Python: an introduction to programming [M]. Dulles, Virginia: Mercury Learning and Information, 2017.
[9]张莉. Python 程序设计[M]. 北京:高等教育出版社,2019.
[10]PAUL D, HARVEY D. Intro to Python for computer science and data science: learning to program with AI, big data and the cloud [M]. New York: Pearson Education, Inc. ,2019.
[11]梁佩莹. Python 科学计算及实践[M]. 北京:清华大学出版社,2021.
[12]孙玺菁,司守奎,刘海桥. Python 的工程数学应用[M]. 北京:国防工业出版社,2021.
[13]马军,凌永祥. 计算方法:Python 语言版[M]. 西安:西安交通大学出版社,2022.
[14]孙炯宁,游学军. Python 基础与数据分析[M].北京:化学工业出版社,2022.
[15]闫丽宏,任刚练,杨衍婷. 数值分析算法与 Python 实现[M]. 西安:西安电子科技大学出版社,2023.